Qiuye Zhang

Novas formulações de vacinas com resposta imunitária retardada

Qiuye Zhang

Novas formulações de vacinas com resposta imunitária retardada

ScienciaScripts

Imprint

Cover image: www.ingimage.com

This book is a translation from the original published under ISBN 978-3-659-51155-4.

Publisher:
Sciencia Scripts
is a trademark of
Dodo Books Indian Ocean Ltd. and OmniScriptum S.R.L publishing group

120 High Road, East Finchley, London, N2 9ED, United Kingdom
Str. Armeneasca 28/1, office 1, Chisinau MD-2012, Republic of Moldova, Europe
Printed at: see last page
ISBN: 978-620-8-36537-0

ÍNDICE DE CONTEÚDOS

RESUMO

As formulações de libertação pulsátil para vacinas de dose única têm sido estudadas há muitos anos devido às vantagens que podem proporcionar à administração de vacinas com uma dose única em vez de vacinas de primeira e de reforço.

O objetivo deste trabalho é desenvolver novas formulações baseadas num sistema de Implante In Situ (ISI) para proporcionar uma libertação modificada da vacina e uma resposta imunitária alterada, que poderia funcionar como uma administração de reforço. Este tipo de sistema foi selecionado porque os sistemas ISI são utilizados para a administração de vários fármacos de ação prolongada e são fáceis de administrar. Um sistema ISI típico é composto por um solvente orgânico hidrofílico (por exemplo, N-metil-2-pirrolidona, NMP) e um polímero hidrofóbico (por exemplo, poli (lactide-co-glicolida), PLGA). Demos a este conceito o nome de AdjuGel para o distinguir da simples administração de medicamentos. Foi desenvolvido através da incorporação de um óleo (por exemplo, Citrato de Acetil Tributilo, ATBC) num sistema ISI. Quando carregado com antigénios dissolvidos ou suspensos, o AdjuGel pode ser injetado no corpo através de uma seringa. Após a injeção, o AdjuGel solidificará devido à dissipação do solvente hidrofílico e formará um implante semi-sólido in situ, que pode conter óleo e antigénio para uma libertação retardada.

Verificou-se que um sistema AdjuGel, composto por acetato de etilo, ATBC e um polímero hidrofóbico, como o PLGA ou o PLA, podia estimular uma resposta imunitária retardada. O período de atraso da resposta imunitária era ajustável, sendo determinado pelas taxas de degradação dos polímeros. Uma taxa de degradação mais lenta do polímero proporcionava um período mais longo para a resposta imunitária.

LISTA DE ABREVIATURAS

ISI	In Situ Implant
NMP	N-Methyl-2-Pyrrolidone
PLGA	Poly (lactide-co-glycolide)
ATBC	Acetyl Tributyl Citrate
FCA	Freund's complete adjuvant
MPL	Monophosphoryl lipid A
MDP	Muramyl dipeptide
ISCOMS	Immune stimulating complexes
PAMPs	Pathogen-associated molecular patterns
HPV	Human papillomavirus
APCs	antigen presenting cells
hCG	human chorionic gonadotropin
SA	sebacic acid
CTL	cytotoxic T-cell
GMP	Good Manufacturing Practice
PZP	Porcine Zona Pellicida
MFA	modified Freund adjuvant
ELISA	Enzyme-Linked Immunosorbant Assay
OVA	Ovalbumin
TEC	Triethyl Citrate
BSA	bovine serum albumin
HRP	Horseradish Peroxidase
OD	optical density
HLB	hydrophilicity lipophilicity balance
EIA	Enzyme immunoassay
HPLC	high performance liquid chromatograph
DMSO	dimethylsulfoxide
EA	ethyl acetate
PLA	Polylactic acid
RP	reverse phase

CAPÍTULO 1. INTRODUÇÃO

1.1. História das vacinas e dos adjuvantes das vacinas

1.1.1. História das vacinas

A imunização contra a varíola, um processo conhecido como variolação, começou há mais de 1000 anos na Índia e na China. No entanto, em 1789, Edward Jenner desenvolveu a primeira vacina científica contra a varíola, que controlou esta doença fatal. O trabalho de Jenner com a vacinação contra a varíola é amplamente reconhecido como a base da vacinologia moderna, porque é a primeira tentativa científica de controlar uma doença infecciosa com uma vacinação que não provoca a doença e que não a transmite.

A vacinação é, sem dúvida, um dos métodos mais bem sucedidos de combate às doenças na história dos seres humanos. O declínio dramático da mortalidade e da morbilidade das doenças infecciosas é apresentado no Quadro 1-1.

Quadro 1-1. Impacto das vacinas no peso das doenças nos EUA.

Doença	N.º máximo de caixas (ano)	Casos em 2001	Redução da doença (%)
Varíola	48164 (1901)	0	100
Difteria	206939 (1921)	2	99.99
Tosse convulsa	265269 (1934)	4788	98.20
Tétano	1560 (1923)	26	98.34
Poliomielite	21269 (1952)	0	100
Sarampo	894134 (1941)	96	99.99
Rubéola	57686 (1969)	19	99.97
Caxumba	152209 (1968)	216	99.86
Haemophilus influenzae tipo b	20000 (1992)	51	99.75

ENCYCLOPEDIA OF LIFE SCIENCES & 2007, John Wiley & Sons, Ltd. www.els.net

As vacinas podem ser claramente divididas em três categorias gerais: vacinas vivas atenuadas, vacinas mortas e vacinas de subunidades[1].

Uma vacina viva atenuada cria imunidade através da utilização de uma forma enfraquecida de um micróbio vivo com virulência reduzida. Uma vez que a primeira vacina, a vacina contra a varíola, era uma vacina viva atenuada, não é de estranhar que as vacinas vivas atenuadas tenham prevalecido durante os cem anos seguintes. Durante este período, Louis Pasteur desenvolveu a vacina contra a cólera das galinhas, a vacina contra o carbúnculo e a vacina contra a raiva. As vacinas vivas atenuadas contêm organismos vivos modificados, que podem causar uma infeção limitada que induz a resposta imunitária de forma semelhante à causada pela infeção natural. Em comparação com outras vacinas, as vacinas vivas atenuadas podem induzir as respostas imunitárias mais potentes e duradouras sem a ajuda de adjuvantes da vacina. No entanto, uma vez que o organismo presente nas vacinas vivas atenuadas pode replicar-se e sofrer mutações secundárias no hospedeiro, as vacinas podem inverter a sua virulência e ser muito perigosas em determinadas condições de ausência de competência imunitária.

Uma vacina morta, ou inactivada, é composta por um organismo inteiro morto. Desta forma, os organismos não se podem replicar após a administração. Foi desenvolvida no final do século XIXth . Em 1896 e 1897, foram inventadas três vacinas mortas, contra a febre tifoide, a cólera e a peste. thNo início do século XX, foram rapidamente desenvolvidas mais vacinas mortas, como a vacina contra a tosse convulsa, a vacina contra a gripe e a vacina contra o tifo. As vacinas mortas não se podem replicar no hospedeiro, pelo que não podem causar uma infeção persistente e são mais seguras do que as vacinas vivas atenuadas. No entanto, uma vez que as vacinas mortas mantêm a maioria dos factores de virulência e epítopos do organismo, como os LPS e os ligandos dos receptores do tipo Toll, são também muito reactivas e podem induzir vários efeitos secundários adversos. Por exemplo, a vacina contra a tosse convulsa morta de células inteiras causou 13 105 casos de efeitos secundários em 1979, o que, por sua vez, levou ao desenvolvimento de uma vacina de subunidades contra a tosse convulsa para substituir a vacina morta de células inteiras[2].

As vacinas de subunidades contêm os componentes acelulares, como o toxoide, as proteínas ou o ADN. As pessoas isolam os componentes-chave para a imunização, que protegerão os hospedeiros com o mínimo de efeitos secundários. Os toxóides, as toxinas bacterianas inactivadas, são os primeiros a ser utilizados nas vacinas de subunidades. Os toxoides da difteria e do tétano foram amplamente aplicados como vacinas de subunidade para proteção contra as doenças da difteria e do tétano[2]. Mais tarde, foram desenvolvidas muitas vacinas de subunidade proteicas e polissacáridas, como as vacinas contra a hepatite B, a gripe e o meningococo[2]. Este tipo de vacina não contém proteínas ou polissacáridos, mas utiliza uma sequência especial de ADN que codifica um epítopo protetor como antigénios de subunidade[2]. As vacinas de subunidade representam o desenvolvimento da vacinação moderna com registos de segurança melhorados, visando especialmente as respostas imunitárias com epítopos protectores e são de produção económica. No entanto, uma vez que as vacinas de subunidades contêm antigénios altamente purificados, tais como proteínas recombinantes, carecem geralmente de imunogenicidade e requerem um adjuvante e doses múltiplas para proteção.

1.1.2. História dos adjuvantes das vacinas

Adjuvante é um termo derivado da palavra latina *adjuvare*, que significa ajudar ou auxiliar.

Em 1926, Glenny e os seus colegas demonstraram a atividade adjuvante dos compostos de alumínio com o toxoide da difteria[2]. Desde então, os compostos de alumínio, normalmente designados por "adjuvantes de alúmen", foram amplamente utilizados nas vacinas de subunidades. Em 1937, Freund e os seus colegas descobriram o famoso e poderoso adjuvante completo de Freund (FCA), que é composto por uma emulsão de água em óleo mineral (W/O) contendo micobactérias mortas[3]. Mais tarde, verificou-se que as micobactérias mortas não são necessárias em alguns casos e foi desenvolvido o adjuvante incompleto de Freund[4], que é composto por uma emulsão de água em óleo mineral sem micobactérias mortas.

De um modo geral, os adjuvantes das vacinas são indispensáveis na maioria das subunidades das vacinas. Existem várias funções importantes dos adjuvantes de vacinas nas vacinas. Em primeiro lugar, os adjuvantes das vacinas podem reforçar a resposta imunitária e afetar também o início e a duração da resposta imunitária. Alguns adjuvantes de vacinas podem induzir respostas rápidas e fortes, enquanto outros adjuvantes podem gerar respostas retardadas ou prolongar a longevidade das respostas.

Em segundo lugar, os adjuvantes das vacinas podem modificar o imunofenótipo ou a qualidade da resposta imunitária que as vacinas geram no hospedeiro. Diferentes vacinas necessitam de diferentes tipos de reação imunitária (por exemplo, resposta imunitária do tipo Th1 ou Th2) para proteger contra doenças. Através desta função, os adjuvantes das vacinas podem determinar a eficácia das vacinas. Em terceiro lugar, os adjuvantes das vacinas reduzem drasticamente a quantidade de antigénio necessária para induzir uma resposta imunitária protetora. Sem adjuvantes, verificou-se que seria necessário mais de dez vezes a quantidade de antigénio para induzir uma resposta imunitária semelhante ou inferior à da vacina com adjuvante. [5] Por último, os adjuvantes das vacinas podem também melhorar a estabilidade dos antigénios e prolongar o prazo de validade das vacinas. Na maioria dos casos, os adjuvantes das vacinas podem estabilizar os antigénios da vacina tanto *in vitro* como *in vivo*, protegendo os antigénios frágeis do contacto com um ambiente desfavorável.

Atualmente, foram desenvolvidos muitos tipos de adjuvantes de vacinas para estimular a resposta imunitária. De acordo com os mecanismos de ação, os adjuvantes de vacinas dividem-se geralmente em duas classes: sistemas de entrega e imunopotenciadores[6]. Alguns exemplos são apresentados no

Quadro 1-2[6].

Quadro 1-2. Duas classes de adjuvantes de vacinas.

Sistemas de entrega de antigénios	**Imunopotenciadores**
Compostos insolúveis de alumínio	MPL (Monofosforil lípido A) e derivados sintéticos
Fosfato de cálcio	MDP (Muramyl dipeptide) e derivados
Lipossomas	Oligonucleótidos (CpG, etc.) RNA de cadeia dupla (dsRNA) Padrões moleculares alternativos associados a agentes patogénicos (PAMPs) [enterotoxina termolábil (LT) *de E. coli*; flagelina)
Virosomas™	
ISCOMS® (Complexos imunoestimulantes)	
Micropartículas (por exemplo, poli (lactido-co-glicolida), PLGA)	Saponinas (Quils, QS-21)
Emulsões à base de óleo (por exemplo, IFA, MF59, Montanides)	Potenciadores imunitários de moléculas pequenas (SMIPs) (por exemplo, resiquimod [R848])
Partículas semelhantes a vírus e vectores virais	Citocinas e quimiocinas

1.1.2.1. Adjuvante de alúmen

Alúmen é uma abreviatura de sais de alumínio, que incluem sais de hidróxido de alumínio e fosfato de alumínio. O alúmen foi utilizado pela primeira vez como adjuvante de vacinas em 1926 e, desde então, tornou-se o adjuvante mais utilizado. Embora o adjuvante de alúmen seja um adjuvante relativamente fraco, tem um longo historial de segurança. Durante mais de cinquenta anos, o adjuvante de alúmen foi o único adjuvante numa vacina aprovada para utilização em seres humanos. Esta situação mudou finalmente antes da viragem do século, quando o MF59® da Novartis (Chiron), um adjuvante à base de óleo, foi aprovado para utilização na Europa em 1997. Doze anos mais tarde, a FDA dos EUA aprovou um novo adjuvante, o ASO4 (um sistema "adjuvante combinado" que contém hidróxido de alumínio e outro imunomodulador chamado monofosforil lípido A), que foi utilizado no Cervarix da GlaxoSmithKline Biologicals, para a prevenção do cancro do colo do útero e das lesões pré-cancerosas causadas pelo papilomavírus humano (HPV) dos tipos 16 e 18.[7] As vacinas com adjuvante de alumínio são preparadas permitindo que o antigénio seja absorvido pelo alumínio. As forças responsáveis pela adsorção do antigénio incluem interações hidrofóbicas, forças de van der waals, cargas iónicas e ligações de hidrogénio. [1] O mecanismo de adjuvância do alúmen não é totalmente claro. Existem três mecanismos potenciais para explicar por que razão o Alum pode induzir uma resposta imunitária:[2]

1. O mecanismo do depósito. O antigénio é adsorvido no adjuvante Alum e é libertado lentamente

para estimular a produção de anticorpos.

2. O mecanismo de inflamação. Baseia-se na hipótese de que o adjuvante Alum pode causar inflamação no local da injeção, o que atrai as células apresentadoras de antigénios (APC), como as células dendríticas e os macrófagos, para processar o antigénio ligado no local da injeção.

3. A adsorção do antigénio ao adjuvante de alúmen converte o antigénio solúvel numa forma particulada, o que facilitará a absorção do antigénio pelas APCs por fagocitose. Pensa-se que os três mecanismos funcionam em conjunto para proporcionar a adjuvância do adjuvante de alúmen e são ainda necessários mais estudos para elucidar os mecanismos.

1.1.2.2. Adjuvantes à base de óleo

Nas várias formulações de adjuvantes de vacinas, os adjuvantes de vacinas à base de óleo estão entre os adjuvantes mais utilizados. Desde que o Dr. Freund desenvolveu o famoso Adjuvante de Freund, foram efectuados muitos estudos sobre os mecanismos e formulações de adjuvantes de vacinas à base de óleo. O adjuvante de Freund era muito eficaz, mas mal tolerado devido à utilização de óleos minerais não degradáveis, pelo que foram amplamente explorados óleos mais bem tolerados. Na década de 1960, foram testados diferentes óleos vegetais biodegradáveis em adjuvantes à base de óleo. Em 1997, o MF59 foi aprovado para utilização em seres humanos. O MF59 é uma microemulsão óleo em água que inclui esqualeno (derivado de um óleo vegetal biodegradável), polissorbato 80 e Span 85 (dois tensioactivos).

A formulação de adjuvantes de vacinas à base de óleos pode ser uma emulsão de água em óleo (por exemplo, IFA), uma emulsão de óleo em água (por exemplo, MF59) ou sistemas de emulsão mais complicados (por exemplo, emulsão de óleo em água em óleo). No entanto, todos os adjuvantes de vacinas à base de óleo necessitam de dois componentes necessários na formulação: óleo e tensioativo[5]. Recentemente, Calabro e os seus colegas realizaram uma série de experiências e demonstraram que "O efeito adjuvante do MF59 é devido à formulação da emulsão óleo em água, nenhum dos componentes individuais induz um efeito adjuvante comparável". [8] Agora é claro que apenas a combinação de óleo e tensioativo pode induzir os efeitos adjuvantes ou a resposta imunitária, qualquer componente individual, óleo ou tensioativo isoladamente, não foi capaz de induzir uma resposta imunitária comparável.

1.1.2.3. Adjuvantes de vacinas de polímeros

Os adjuvantes de vacinas poliméricas têm sido estudados há muito tempo como sistemas de administração de vacinas. Uma vez que os adjuvantes poliméricos têm a capacidade de libertação sustentada de antigénios de vacinas, o principal objetivo dos adjuvantes poliméricos é desenvolver vacinas de dose única. Na década de 1970, começou-se a utilizar implantes de polímeros não biodegradáveis para desenvolver novos sistemas de administração de vacinas [9]. [Mais tarde, foram introduzidos polímeros biodegradáveis, uma vez que os polímeros biodegradáveis não precisavam de ser removidos por procedimento cirúrgico após a administração. Desde a década de 1990, as micropartículas compostas por polímeros biodegradáveis tornaram-se a formulação mais amplamente estudada como sistemas de administração de vacinas devido à facilidade de administração[10, 11].

Dois tipos de polímeros biodegradáveis, os poliésteres e os polianidridos, são os mais amplamente estudados como sistemas de administração de vacinas.

O poliéster mais importante é o poli (lactido-co-glicolido) ou PLGA. O PLGA foi inicialmente utilizado em aplicações biomédicas, como suturas e pinos cirúrgicos biodegradáveis. Nos anos 90, as micropartículas de PLGA revelaram-se eficazes na indução de respostas imunitárias protectoras como sistema de administração de vacinas. 12, 13] No entanto, quando o PLGA se degrada in vivo, o ácido lático e o ácido glicólico são libertados e é criado um microambiente ácido, que se demonstrou ser prejudicial para a estabilidade das proteínas antigénicas [14]. [14] Para ultrapassar o problema, foram efectuadas algumas tentativas para diminuir a acidez. Por exemplo, o carbonato de magnésio, um composto básico, foi adicionado a microesferas de PLGA para estabilizar o antigénio sintético do péptido da gonadotropina coriónica humana (hCG)[15].

Atualmente, existem dois mecanismos para a função das micropartículas de PLGA como sistema de administração de vacinas: [16] Um deles é o facto de as micropartículas de PLGA formarem um depósito para o antigénio; outro é o facto de as micropartículas de PLGA aumentarem a absorção pelas APC de partículas carregadas de antigénio devido ao seu tamanho reduzido. Embora o tamanho das partículas seja uma questão fundamental para o desenvolvimento de micropartículas de PLGA eficazes como sistema de administração de vacinas, a relação exacta entre o tamanho das partículas e as respostas imunitárias do hospedeiro não é clara [17]. [17] Existem diferentes pontos de vista sobre a relação entre o tamanho das partículas e as respostas imunitárias. Alguns acreditam que um tamanho de partícula mais pequeno pretende induzir respostas imunitárias mais fortes, mas outras observações também concluíram que um tamanho de partícula maior pode promover respostas imunitárias mais fortes ou que existe um tamanho de partícula ótimo que pode estimular a resposta imunitária mais forte. [17]

Foi realizada uma extensa investigação com as micropartículas de PLGA como transportadores de antigénios. No entanto, os estudos ainda não conseguiram demonstrar uma correlação clara entre o padrão de libertação dos péptidos antigénicos, a duração da libertação in vitro dos antigénios e as respostas imunitárias do hospedeiro. [Devido à variação da dose de antigénio, do método de formulação (por exemplo, evaporação de solventes ou secagem por pulverização), da via de administração e do tamanho das micropartículas, a eficácia das micropartículas de PLGA não foi consistente em muitas experiências[18] e não está atualmente em curso nenhum ensaio clínico com micropartículas de PLGA como sistema de administração de vacinas. Obviamente, são necessários mais esforços no que respeita aos mecanismos e às formulações das micropartículas de PLGA antes de a técnica poder ser aplicada em seres humanos.

Os polianidridos são uma classe de polímeros de superfície erodível, biodegradável e biocompatível que foram amplamente utilizados em sistemas de administração controlada de fármacos[19]. Após a administração, os polianidridos degradam-se em monómeros di-ácidos não tóxicos que podem ser metabolizados e eliminados do organismo. O mecanismo de erosão da superfície dos polianidridos conduz a um perfil de libertação controlada mais previsível, que pode variar de dias a meses.

A vantagem mais importante dos polianidridos em relação aos poliésteres como sistema de administração de vacinas é a sua capacidade de estabilizar as proteínas do antigénio. Muitos estudos provaram que os polianidridos são capazes de manter os polipéptidos de forma estável e apresentam uma libertação sustentada de polipéptidos[20, 21]. As caraterísticas de erosão da superfície dos polianidridos podem impedir a penetração de água no interior da microesfera e manter o antigénio encapsulado no estado nativo. Além disso, os produtos de degradação dos polianidridos, monómeros di-ácidos, são normalmente menos ácidos do que os do polímero PLGA, o que pode proporcionar um microambiente com pH moderado, conduzindo à estabilidade do antigénio encapsulado e à manutenção dos epítopos antigénicos, e também reduzir as reacções do tecido circundante ao polímero[22].

Apesar das vantagens dos polianidridos na estabilização dos antigénios aprisionados, um grande obstáculo à utilização de micropartículas à base de polianidridos é, no entanto, a sua absorção limitada pelas células dendríticas (DC). A fim de resolver este problema, Phanse et al.[23] funcionalizaram recentemente a superfície das micropartículas de polianidrido com di-manose, a fim de visar os receptores de lectina do tipo C (CLRs) nas DCs. Foram avaliadas partículas de polianidrido à base de ácido sebácico (SA), 1,6-bis(*p-carboxifenoxi*)hexano (CPH) e 1,8-bis(p-carboxifenoxi)-3,6-dioxaoctano (CPTEG). Verificou-se que as micropartículas de polianidrido funcionalizadas com di-manose aumentam a expressão de CLRs nas DCs e, mais importante ainda, a funcionalização com di-manose também aumenta a absorção das micropartículas de polianidrido pelas DCs, o que pode melhorar a entrega de antigénios encapsulados e induzir potencialmente uma resposta imunitária adaptativa mais robusta.

Muitos polímeros de origem natural, como o quitosano, o dextrano, o amido e o alginato, foram também explorados como sistemas de administração de vacinas[24-27]. [24-27] Além disso, alguns novos polímeros sintéticos, como o copolímero de poli (éster-amida) (PEA) e o poli (sulfureto de propileno), foram estudados para o desenvolvimento de um novo sistema de administração de vacinas[1].

1.1.3. Qual é o adjuvante ideal para a vacina?

Em 2009, O'Hagan et al. [28] descreveram as caraterísticas dos adjuvantes bem e mal sucedidos (ver quadro 1-3).

Quadro 1-3. Caraterísticas dos adjuvantes bem e mal sucedidos.

Adjuvantes sem sucesso	**Adjuvantes de sucesso**
Perfil de tolerabilidade inaceitável	
Reacções locais significativas	
Complexos, difíceis de ampliar, falta de reprodutibilidade na formulação	
As matérias-primas são caras ou não estão disponíveis com a pureza adequada numa fonte fiável	Seguro, não associado a quaisquer efeitos a longo prazo Bem tolerado
	Via de síntese simples
Não degradável, deixa resíduos a longo prazo nos locais de injeção	Componentes simples e económicos
	Biodegradável
Difícil de formular com diversos antigénios, impacto negativo na estabilidade do antigénio	Compatível com muitos tipos diferentes de antigénios de vacinas
Inflexível, não é fácil de combinar com componentes adicionais da formulação	Capaz de co-entregar o antigénio e o potenciador imunitário

As vacinas devem ser seguras e, ao mesmo tempo, capazes de induzir respostas imunitárias potentes e duradouras. Uma vez que as vacinas de subunidades requerem, normalmente, pelo menos 3-5 doses para obter imunidade protetora, a adesão tornou-se um problema significativo nos programas de vacinação. Note-se que as taxas de desistência podem atingir 70% nalguns países em desenvolvimento, o que resulta em milhões de mortes por ano devido a doenças evitáveis por vacinação, como o tétano e a tosse convulsa[29]. Em 2005, a OMS classificou o desenvolvimento de uma vacina de dose única como o primeiro dos "Grandes Desafios" na saúde humana global. [Não só na vacinação humana, mas também nos sistemas pecuários, é muito difícil e dispendioso manusear um grande número de animais para inoculações múltiplas[30][30][30][30][31].

A fim de satisfazer a exigência de vacinas de dose única, foram estudados vários novos adjuvantes para atingir o objetivo.

1.2. Situação atual do desenvolvimento de adjuvantes para vacinas de dose única

No caso das vacinas de subunidades, existem geralmente duas estratégias para desenvolver vacinas de dose única: utilizar um adjuvante potente (por exemplo, adjuvante completo de Freund) ou simular injecções múltiplas através da libertação controlada de vacinas. Uma vez que os adjuvantes potentes provavelmente suscitam maiores preocupações em termos de segurança, raramente são utilizados para conceber vacinas de dose única. Por conseguinte, a libertação controlada de vacinas é sobretudo aplicada à conceção de vacinas de dose única.

Em 1979, Preis e Langer utilizaram implantes de polímeros não biodegradáveis para administrar uma dose baixa de antigénio proteico a ratinhos, que demonstraram respostas imunitárias fortes e prolongadas induzidas pela libertação sustentada de antigénio[9].

Em 1991, O' Hagan et al. utilizaram micropartículas de polímero biodegradável (PLGA) para administrar antigénios proteicos em ratos, o que induziu fortes respostas imunitárias comparáveis às do antigénio disperso no adjuvante completo de Freund[10]. O PLGA é um poliéster composto por monómeros de ácido lático e/ou glicólico. O PLGA tem um longo historial de segurança e pode ser facilmente transformado em quase todas as formas e tamanhos. As vantagens da utilização de micropartículas de PLGA como adjuvante são as seguintes 1. libertação controlada de antigénios durante períodos de tempo prolongados; 2. capacidade de induzir respostas de células T citotóxicas (CTL),[32] que são importantes mas não existem nos adjuvantes clássicos.

Devido às vantagens das micropartículas de PLGA para a administração de antigénios, as micropartículas de PLGA atraíram uma atenção extraordinária como um novo tipo de adjuvante ou sistema de administração de vacinas. [33] [34] [35] No entanto, embora as micropartículas de PLGA possuam muitas propriedades fortemente desejáveis para vacinas de dose única, após mais de 20 anos de desenvolvimento, ainda não foram efectuados estudos clínicos em seres humanos com estes novos sistemas de administração de vacinas. Vários obstáculos significativos impediram o progresso dos estudos de micropartículas de PLGA como sistemas de administração de vacinas. Tais como: a instabilidade do antigénio quando incorporado nas micropartículas; o elevado custo do processo de fabrico e as dificuldades em seguir as Boas Práticas de Fabrico (BPF) durante o aumento de escala[16].

Embora seja bem conhecido que a libertação controlada de antigénios é fundamental para o desenvolvimento de novos sistemas de administração de vacinas de dose única, não foi estabelecida uma correlação clara entre a libertação de antigénios e a resposta imunitária *in vivo*, o que se tornou um obstáculo difícil para a continuação da investigação sobre o novo sistema de administração de vacinas.

1.3. O que é o sistema ISI (In Situ Implant) e porque foi escolhido para modificar a libertação de antigénios?

Os sistemas ISI foram desenvolvidos como alternativa às formulações de implantes sólidos e de micropartículas[36, 37]. Um sistema ISI é uma solução de polímero hidrofóbico biodegradável (geralmente PLGA), formada pela dissolução do polímero biodegradável em solventes biocompatíveis (por exemplo, NMP)[37]. Quando carregado com agentes bioactivos dissolvidos ou em suspensão, o sistema ISI pode ser injetado no corpo através de uma seringa. Uma vez que o polímero hidrofóbico biodegradável é insolúvel em água, o contacto com o meio aquoso fisiológico leva à dissipação do solvente biocompatível, fazendo com que a solução de polímero sofra uma separação de fases para formar um implante sólido ou semi-sólido *in situ*[37]. A estrutura do implante solidificado pode apresentar um núcleo com poros grandes de diâmetros entre cerca de 10 e 500 microns e uma pele relativamente não porosa como barreira de membrana, que tem poros extremamente finos de 0,01 a 0,1 microns de diâmetro[38].

O processo de solidificação do sistema ISI é demonstrado esquematicamente na Figura 1-1. Em primeiro lugar, a solução homogénea de polímero de PLGA e solvente com fármaco assenta no suporte com a envolvente do banho de arrefecimento sem solvente, que pertence à fase aquosa. De seguida, ocorre a troca de solvente com não-solvente, o que leva à inversão de fase e à precipitação do PLGA. Por fim, a solução de polímero de PLGA transforma-se num dispositivo de implante com um núcleo poroso e uma pele relativamente não porosa[39].

Foram realizados estudos exaustivos sobre o sistema ISI como sistema de libertação controlada. Krebs e os seus colegas utilizaram a Micro-CT para estudar a secção transversal do sistema ISI com polímero PLGA. [40] Este mostrou claramente um núcleo poroso e uma pele densa (Figura 1-2).

Com base no estudo *in vitro* acima referido, Krebs, et al também estudaram a transformação do sistema ISI *in vivo*[40]. A Figura 3 mostra a estrutura do sistema ISI solidificado formado *in vivo*. Também formou um interior poroso e uma pele densa semelhante à Figura 1-3.

Os sistemas ISI foram aplicados nos medicamentos aprovados pela FDA como sistemas de libertação sustentada. Foram também realizados muitos estudos para avaliar o potencial do sistema ISI para a libertação de proteínas e péptidos. Quando incorporado com proteínas liofilizadas, o sistema ISI apresentou vários perfis de libertação sustentada com as alterações de diferentes parâmetros (por exemplo, tipos de polímeros, concentrações de polímeros e solventes biocompatíveis, Figura 1-4)[41].

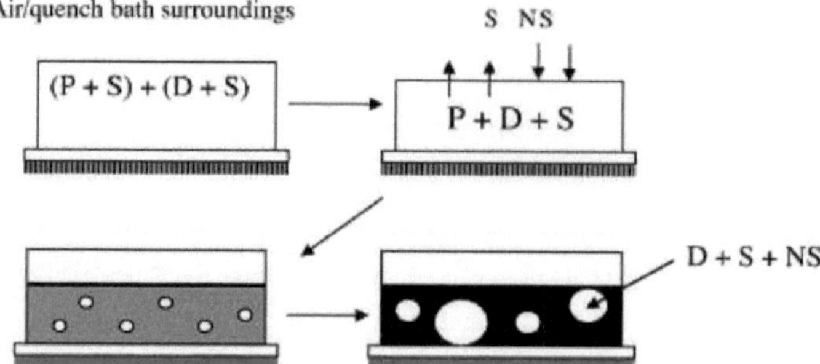

Figura 1-1. Esquema do processo de inversão de fases. Esquema do processo de inversão de fases mostrando a transformação de uma solução constituída por polímero (P) e solvente (S), com fármaco dissolvido ou em suspensão (D), numa estrutura de membrana bifásica. [39]

P: Polímero (p. ex., PLGA); S: Solvente (p. ex., N-metil-2-pirrolidona, NMP); NS: Não-solvente (p. ex., água); D: Fármaco (por exemplo, ovalbumina)

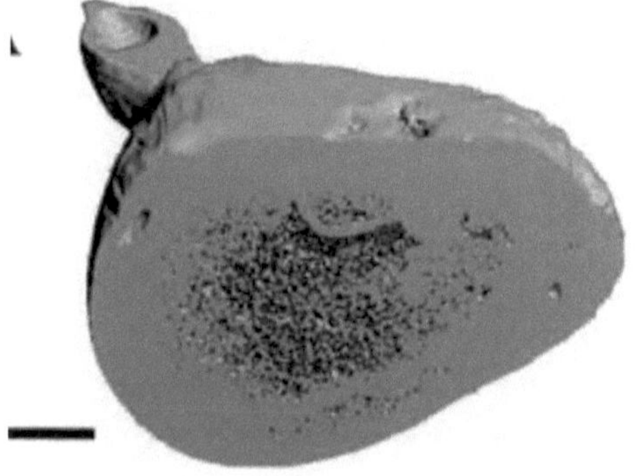

Figura 1-2. Imagens de Micro-CT de uma secção transversal através de um sistema ISI solidificado feito de PLGA 50:50 (temperado com tampão PBS). As barras de escala representam 1 mm[40].

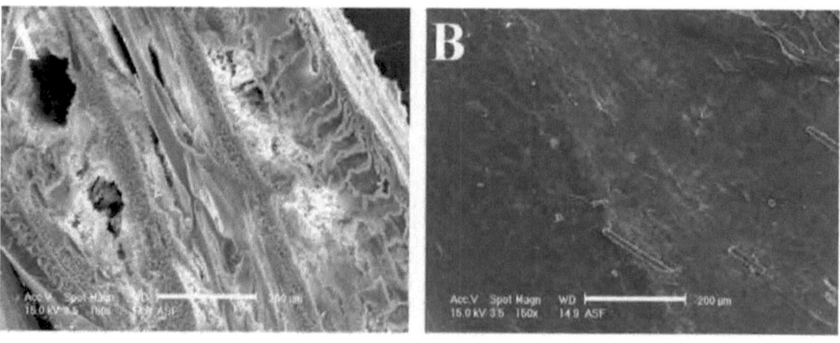

Figura 1-3. Fotomicrografias SEM do sistema ISI solidificado formado in vivo (após 24 horas de injeção S.C. em ratos). A é do interior do implante, B é do exterior do implante. Todas as barras de escala representam 200 um. [40]

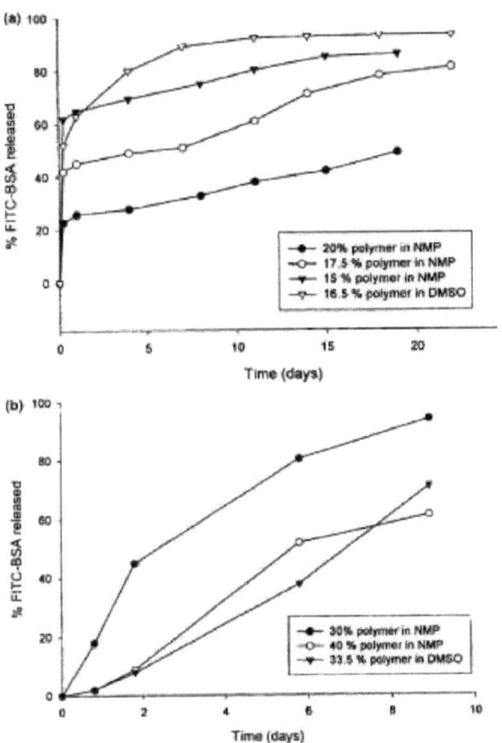

Figura 1-4. Libertação de FITC-BSA de sistemas de PLGA (a) Libertação de FITC-BSA de sistemas de PLGA de elevado peso molecular em PBS. (b) Libertação de FITC-BSA de sistemas de PLGA de baixo peso molecular em PBS[41].

Embora o sistema ISI tenha mostrado potencial para a libertação controlada de proteínas e péptidos, foram publicados poucos dados sobre o sistema ISI como sistema de administração de vacinas. Em 1999, Terry Bowersock e Stephen Martin fizeram algumas experiências para avaliar a possibilidade de utilizar o sistema ISI como adjuvante para desenvolver vacinas de dose única ou vacinas auto-reforçadas[31].[31] Testaram muitas formulações em suínos e concluíram finalmente que "o perfil da resposta imunitária era semelhante ao observado com adjuvantes clássicos"[31]. Parecia que o sistema ISI não apresentava uma adjuvância especial, embora tivesse a capacidade de libertação prolongada de antigénios proteicos.

É diferente dos sistemas de micropartículas, que podem aumentar as respostas imunitárias ao antigénio devido ao seu tamanho reduzido [33, 42, 43], e o sistema ISI não apresentou uma forte adjuvância e auto-reforço na experiência de Bowersock. As pessoas acreditam geralmente que o sistema ISI, baseado no polímero biodegradável PLGA, é um sistema inerte, que não é adequado como sistema de administração de vacinas. No entanto, uma vez que o sistema ISI apresenta um forte potencial para a libertação sustentada de proteínas e péptidos, decidimos desenvolver o sistema ISI como um novo sistema de administração de vacinas de dose única.

CAPÍTULO 2. DESENVOLVIMENTO DE NOVAS FORMULAÇÕES DE VACINAS COM FORTE ADJUVANTICIDADE BASEADAS NO SISTEMA ISI

2.1. Seleção de formulações

2.1.1. Introdução

Em 2009, foram iniciadas as primeiras experiências com o projeto de vacina de dose única contra a Zona Pelicida Porcina (PZP) em cooperação com o Centro de Ciência e Conservação, Zoo Montana. A PZP é uma membrana não celular que envolve todos os ovos de mamíferos e é constituída por três glicoproteínas denominadas ZP1, ZP2 e ZP3. A vacina PZP é uma vacina contraceptiva promissora que está a ser investigada há mais de 30 anos, tendo sido utilizada para contraceção de veados, cavalos, elefantes, lobos, ovelhas e muitas outras espécies[44, 45]. A fim de ultrapassar os inconvenientes das inoculações múltiplas, concebemos um novo tipo de sistema de administração baseado no sistema de implante in situ (ISI) para atingir o objetivo da inoculação única.

Os adjuvantes de vacinas à base de óleo, como o CFA, o IFA e o MF59, são provavelmente os adjuvantes mais eficazes para estimular as respostas imunitárias. A fim de aumentar a adjuvanticidade dos sistemas de administração de vacinas, já foram incorporados diferentes óleos hidrofóbicos nos sistemas de microcápsulas. [46] [47]. Uma vez que dados anteriores [31] mostraram que um sistema ISI por si só não podia induzir uma resposta imunitária forte, considerou-se a possibilidade de incorporar um óleo hidrofóbico num sistema ISI.

O óleo mineral, o esqualeno e os óleos vegetais foram inicialmente considerados como componentes adicionais. No entanto, o óleo mineral, o esqualeno e os óleos vegetais não eram miscíveis com o sistema ISI (PLGA e solução de solvente orgânico NMP) e formaram uma emulsão de óleo em óleo após a mistura. A emulsão de óleo em óleo não é estável à temperatura ambiente e a separação ocorre rapidamente. A fim de obter uma formulação estável, foi introduzido no sistema ISI um plastificante hidrofóbico, o Citrato de Acetil Tributilo (ATBC). O plastificante ATBC pode ser facilmente dissolvido no sistema ISI, que é composto por NMP e PLGA. O sistema com NMP, ATBC e PLGA formou uma solução límpida e estável à temperatura ambiente.

Uma vez que o Eligard®, o primeiro medicamento aprovado pela FDA com sistema ISI, é formulado com PLGA e N-Metil-2-pirrolidona (NMP), utilizámos NMP como solvente orgânico na primeira experiência animal. Uma vez que as coelhas são os animais modelo para o estudo da vacina PZP. Foram escolhidas coelhas da Nova Zelândia para a experiência.

2.1.2. Procedimentos experimentais

2.1.2.1. Materiais

Vinte e quatro coelhos fêmeas brancos da Nova Zelândia foram encomendados à Myrtles Rabbitry. O polímero biodegradável PLGA foi encomendado à Lactel Absorbable Polymers, Durect Corporation, Pelham, AL, EUA. O NMP foi obtido da ISP Pharm Technologies; o acetil tributil citrato (ATBC) foi obtido da Morflex Inc, Greensboro, NC, EUA; o PZP liofilizado como antigénio foi obtido do Science and Conservation Center, Zoo Montana e o adjuvante de Freund modificado (AMF) foi encomendado à Sigma.

PLGA (poli(lactido-co-glicolido))

Um copolímero que é utilizado em muitos dispositivos terapêuticos aprovados pela FDA, devido à sua biodegradabilidade e biocompatibilidade. O PLGA é sintetizado com dois monómeros diferentes, os dímeros cíclicos (1,4-dioxano-2,5-dionas) de glicolida e lactídeo. A estrutura química é apresentada na Figura 2-1.

NMP (N-Metil-2-pirrolidona)

Líquido transparente a ligeiramente amarelo, miscível com água e outros solventes orgânicos, que pertence à classe dos solventes dipolares apróticos. A estrutura química é apresentada na Figura 2-2.

Citrato de acetil tributilo (ATBC)

Um plastificante inócuo e biodegradável ou solvente de transporte permitido no campo dos aditivos alimentares, material de contacto com alimentos, bem como para polímeros.

Foi escolhido como óleo porque podia ser facilmente dissolvido na solução de NMP e PLGA e formar uma formulação clara. A estrutura química é apresentada na Figura 23.

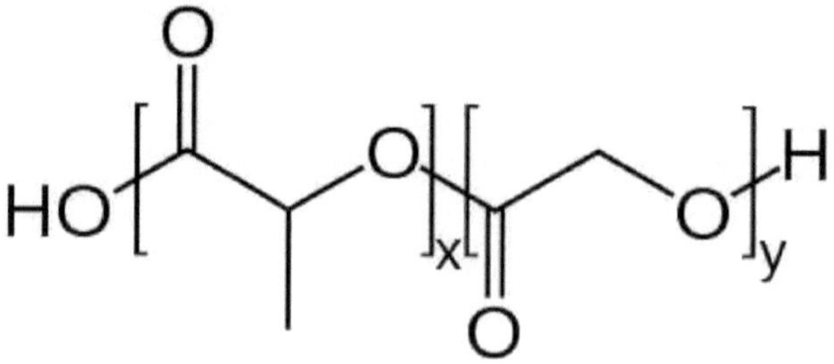

Figura 2-1. Estrutura química do PLGA.

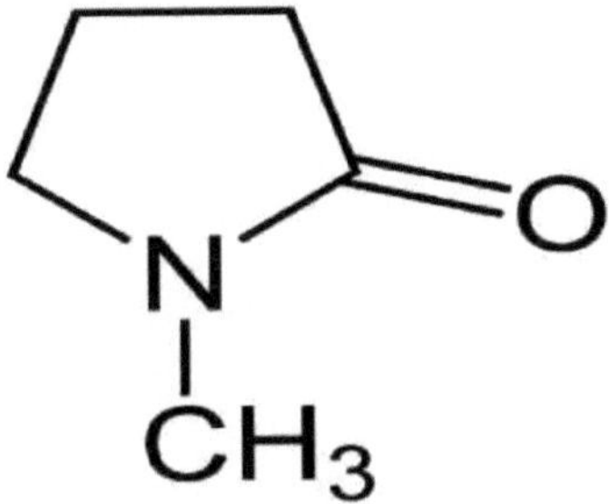

Figura 2-2. Estrutura química do NMP.

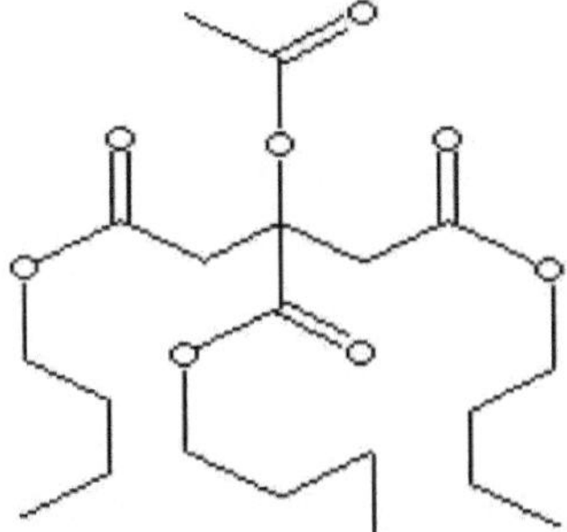

Figura 2-3. Estrutura química do ATBC.

2.1.2.2. Processo de formulação

Processo de formulação da vacina PZP (todas as etapas foram preparadas assepticamente):

1. Preparar um gel branco constituído por uma mistura de PLGA e uma combinação de NMP e ATBC a 50°C-55°C.

2. Foi pesada uma quantidade adequada de gel e transferida para um frasco de vidro limpo e autoclavado. Pesou-se uma quantidade adequada de PZP e misturou-se com o gel, agitando-se a mistura resultante até se obter uma mistura uniforme de gel carregado com PZP.

3. Cada dose de gel carregado com PZP contém 100ug de PZP por 0,5ml de gel.

A formulação final é uma suspensão de PZP na solução de gel transparente.

2.1.2.3. Imunização dos animais

Para todas as experiências de imunização, a proteína PZP liofilizada foi dissolvida em tampão PBS ou foi suspensa em solvente orgânico NMP ou em diferentes formulações de gel imediatamente antes da injeção para obter uma concentração de 200ug/ml. Todos os coelhos receberam uma única inoculação intramuscular no dia 0.

Tabela 2-1. Atribuição dos grupos experimentais.

Grupo	**Tratamento**	**Número de coelhos**	**Descrição**
1	Controlo	3	Injeção IM com tampão PBS e PZP (100ug para todos os PZP)
2	Controlo NMP	3	Injeção IM com NMP e PZP
3	CFA+PZP modificado	3	Injeção IM com CFA modificado e PZP
4	Gel 1 + PZP	3	Injeção IM com NMP mais gel de PLGA de baixo peso molecular e PZP
5	Gel 2 + PZP	3	Injeção IM com NMP mais gel de PLGA de peso molecular médio e PZP
6	Gel 3 + PZP	3	Injeção IM com NMP mais gel de PLGA de peso molecular médio e PZP
7	Gel 2+ ATBC+ PZP	3	Injeção IM com NMP mais gel de PLGA de baixo peso molecular e PZP
8	Gel 2+ CFA modificado+ PZP	3	Injeção IM com NMP mais gel de PLGA e CFA modificado mais PZP

O volume final de cada grupo é de 0,5 ml.

O polímero de PLGA nos Grupos 5, 7 e 8 é PLGA de peso molecular médio (50:50) (IV: 0,55 - 0,75; produto n.º B6010-2, Durect Corporation).

O polímero de PLGA no Grupo 4 é o PLGA de baixo peso molecular 50:50 (IV: 0,15 - 0,25 ; Produto nº B6017-1, Durect Corporation)

O polímero de PLGA no Grupo 6 é PLGA de elevado peso molecular 85:15 (IV: 0,55 - 0,75; Produto n.º B6006-1, Durect Corporation)

2.1.2.4. Procedimentos

Todos os grupos foram inoculados IM uma vez no dia 0 e foram colhidas amostras de sangue de 2 em 2 semanas nos primeiros 2 meses e, posteriormente, de 3 em 3 ou de 4 em 4 semanas. As amostras de sangue foram diluídas em série com 0,05% de Tween 20 em PBS: 1:1.000, 1:10.000, 1:100.000 e 1:1.000.000. Os títulos de IgG foram verificados por ELISA (Enzyme-Linked Immunosorbant Assay); utilizar Log10EC50 como medida da resposta imunitária. EC50 significa meia concentração máxima efectiva e a absorvância da diluição 1:1000 foi utilizada como máxima.

2.1.2.5. Ensaio de imunoabsorção enzimática (ELISA)

Placas de microtitulação de 96 poços (placas de ligação de alta proteína da Costar) foram revestidas durante a noite com 100 μl de solução de revestimento contendo 3 μg/mL de proteína PZP a 4 ◦C. Para remover o PZP não ligado, as placas foram lavadas três vezes com PBS (pH 7,4) contendo 0,05% de Tween 20 (PBST). As amostras de soro (100 μL/ poço) de ratos individuais foram diluídas em série em PBST: 1: 1,000, 1: 10,000, 1: 100,000 e 1: 1,000,000. As placas foram então incubadas durante duas horas à temperatura ambiente. As placas foram novamente lavadas três vezes com PBST, seguindo-se a adição de 100 μL de PBST contendo IgG anti-coelho de cabra conjugada com peroxidase de rábano (HRP) (diluída 1:4000) (Abcam, ab6721). Após um período de incubação de duas horas à temperatura ambiente, as placas foram lavadas três vezes com PBST, seguidas da adição de 200 μL de 0,4 mg/ml de substrato de peroxidase OPD (Sigma P9187, Sigma-Aldrich, St. Louis, MO) e deixadas a reagir durante 30 minutos à temperatura ambiente. A densidade ótica (DO) da reação foi medida a 450 nm utilizando um leitor de placas. O software BioDataFit foi aplicado para tratar os dados através do modelo de quatro parâmetros. Os títulos do soro são apresentados como Log10EC50.

2.1.2.6. Análise estatística

Os resultados são expressos como média ± S.D. A análise estatística foi efectuada para a análise das diferenças entre as médias dos títulos de anticorpos séricos, utilizando o *teste t* de Student com duas margens. As diferenças entre as médias foram aceites como significativas se *o valor de P* fosse inferior a 0,05.

2.1.3. Resultados e discussão

Os títulos séricos foram registados com Log10EC50 e os resultados foram apresentados na tabela 2-2. A Tabela 2-2 apresentou as médias dos títulos de anticorpos IgG anti-PZP no soro e os desvios padrão.

Nesta experiência, as formulações com apenas o solvente orgânico NMP e três tipos diferentes de PLGA (Grupo 4, 5 e 6) não induziram uma resposta imunitária forte. Na semana 6, não existem diferenças significativas entre o controlo negativo (grupo 1) e os grupos 4, 5 e 6 ($P > 0,05$). No entanto, quando incorporado com ATBC e adjuvante de Freund modificado (óleo mineral) nos grupos 7 e 8, ambos exibiram uma resposta imunitária muito mais forte. Na semana 6, existem diferenças significativas entre o grupo ATBC (grupo 7) e o grupo sem ATBC (grupo 4) ($P < 0,05$). Uma vez que a formulação do grupo 8 formou uma emulsão de óleo em óleo e a emulsão não era estável, não realizámos mais estudos para esta formulação. A formulação com solvente orgânico NMP, PLGA e

ATBC era uma solução estável e clara, que escolhemos como candidata para desenvolvimento posterior.

Tabela 2-2. Os resultados dos títulos de anticorpos IgG anti-PZP no soro para os grupos 1, 2, 3, 4, 5, 6, 7 e 8 em diferentes pontos de tempo do Dia 0, semana 2, 4, 6, 8, 11, 15, 18, 22, 24, 26 e 28.

	G1	G2	G3	G4	G5	G6	G7	G8
dia 0	0±0	0±0	0±0	0±0	0±0	0±0	0±0	0±0
2 semanas	0.4±0.16	0.48±0.07	1±0.5	0.59±0.2	0.59±0.1	0.29±0.06	0.9±0.28	0.69±0.23
4 semanas	0.44±0.14	0.34±0.1	1.58±0.33	0.62±0.07	0.86±0.04	0.36±0.17	1.19±0.23	1±0.17
6 semanas	0.63±0.05	0.31±0.1	2.34±0.15	0.78±0.09	0.81±0.18	0.52±0.27	1.31±0.19	1.35±0.18
8 semanas	0.58±0.14	0.2±0.09	2.39±0.48	0.7±0.1	0.53±0.12	0.42±0.41	1.18±0.43	1.49±0.41
11 semanas	0.32±0.11	0.19±0.16	2.36±0.53	0.32±0.13	0.54±0.21	0.22±0.21	0.71±0.23	1.44±0.36
15 semanas	0.28±0.12	0.1±0	2.13±0.43	0.1±0	0.13±0.05	0.22±0.18	0.87±0.32	1.49±0.41
18 semanas	0.16±0.11	0.1±0	2.05±0.45	0.12±0.03	0.19±0.1	0.15±0.08	0.48±0.13	1.15±0.4
22 semanas	0.16±0.05	0.1±0	2.14±0.58	0.1±0	0.16±0.1	0.13±0.06	0.51±0.33	1.41±0.39
24 semanas	0.13±0.06	0.1±0	2.03±0.57	0.1±0	0.15±0.09	0.12±0.03	0.36±0.14	1.21±0.5
26 semanas	0.1±0.06	0.1±0	1.95±0.76	0.1±0	0.1±0	0.1±0	0.39±0.24	0.94±0.49
28 semanas	0.1±0.06	0.1±0	1.71±0.55	0.1±0	0.1±0	0.1±0.03	0.26±0.1	0.98±0.52
Valor de p (6 semanas)				0.075*	0.202**	0.549***	0.030****	

Os títulos de anticorpos IgG anti-PZP no soro foram registados com Log10EC50 e os resultados foram apresentados como Média ± S.D.

Valores de p com resultados de 6 semanas (*G4 vs. G1; **G5 vs. G1; ***G6 vs. G1; ****G5 vs. G7)

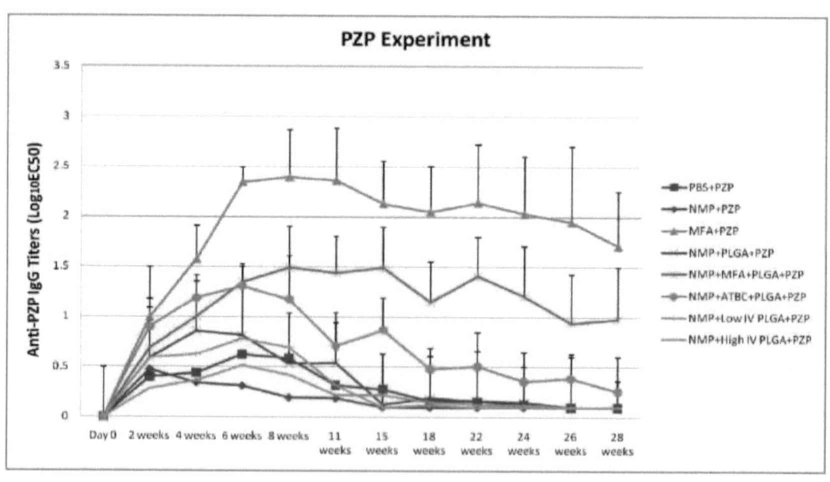

Figura 2-4. Títulos de IgG anti-PZP em soro de coelho com múltiplos pontos temporais.

2.1.4. Conclusões

Dos resultados que obtivemos, concluímos que: 1. O gel composto por NMP e PLGA (sistema ISI) não apresentou boa adjuvanticidade, o que é compatível com dados previamente publicados. 2. O gel composto por NMP, PLGA e ATBC (denominado sistema AdjuGel) pode induzir fortes respostas imunitárias e é um novo tipo de adjuvante ou sistema de administração de vacinas que tem uma capacidade potente para a libertação sustentada de antigénios e adjuvantes de vacinas. 3. O gel composto por NMP, PLGA e ATBC (denominado sistema AdjuGel) demonstrou potencial como sistema de ação prolongada para a administração de PZP para contraceção.

2.2. Estudar o sistema AdjuGel e determinar se o PLGA é necessário para a adjuvanticidade

2.2.1. Introdução

Uma vez que o sistema AdjuGel é um novo tipo de adjuvante de vacina, precisamos de estudar esta nova formulação para esclarecer qual é o componente chave para a sua adjuvância. Na experiência anterior, obtivemos o resultado de que o solvente orgânico NMP sozinho (grupo 2) não pode induzir uma resposta imunitária eficaz. No entanto, o NMP é bem conhecido como um potenciador de penetração química [48] e é amplamente utilizado para melhorar a administração transdérmica de diferentes fármacos hidrofílicos e hidrofóbicos [49]. [50] Partimos do princípio de que o NMP pode desempenhar um papel na adjuvanticidade do sistema AdjuGel. Os polímeros de PLGA têm sido amplamente utilizados em aplicações biomédicas, tais como dispositivos terapêuticos e suturas cirúrgicas biodegradáveis, devido à sua biodegradabilidade e biocompatibilidade. É bem aceite que os polímeros de PLGA são inertes e causam pouca inflamação local. Com base nas caraterísticas dos polímeros NMP e PLGA, criámos uma nova experiência animal para responder a várias questões: 1. o polímero biodegradável PLGA é indispensável para a adjuvanticidade? 2. o ATBC sozinho é suficiente para a adjuvância? 3. O NMP mais ATBC é uma boa formulação de adjuvante de vacina?

2.2.2. Procedimentos experimentais

2.2.2.1. Materiais

Foram encomendadas 24 coelhas fêmeas brancas da Nova Zelândia à Myrtles Rabbitry. O polímero biodegradável PLGA foi encomendado à Lactel Absorbable Polymers, Durect Corporation, Pelham, AL, EUA. O NMP foi obtido da ISP Pharm Technologies; o acetil tributil citrato (ATBC) foi obtido da Morflex Inc, Greensboro, NC, EUA; a ovalbumina liofilizada (OVA) como antigénio foi adquirida à Sigma; o alúmen foi encomendado à Thermo Scientific.

2.2.2.2. Processo de formulação

Processo de formulação da vacina OVA (todas as etapas foram preparadas assepticamente): 1. Preparar um gel branco constituído por uma mistura de PLGA e uma combinação de NMP e ATBC a 50°C-55°C. 2. Foi pesada uma quantidade adequada de gel e transferida para um frasco de vidro limpo autoclavado. Pesou-se uma quantidade adequada de OVA e misturou-se com o gel, agitando-se a mistura resultante até se obter uma mistura uniforme de gel carregado com OVA. 3. Cada dose de gel carregado com OVA contém 100ug de OVA por 0,5ml de gel. A formulação final é uma suspensão de OVA na solução de gel transparente.

2.2.2.3. *Imunização de animais*

Para todas as experiências de imunização, a proteína OVA liofilizada foi dissolvida em tampão PBS ou foi suspensa em solvente orgânico NMP, plastificante ATBC ou sistema AdjuGel imediatamente antes da injeção para obter uma concentração de 200ug/ml. Todos os coelhos receberam uma única inoculação intramuscular no dia 0.

Tabela 2-3. Atribuição do grupo experimental.

Grupo	**Tratamento**	**Número de coelhos**	**Descrição**
1	Controlo	3	Injeção IM com tampão PBS e OVA
2	Controlo NMP	3	Injeção IM com NMP e OVA
3	ALUM+OVA	3	Injeção IM com ALUM e OVA
4	ATBC + OVA	3	Injeção IM com ATBC e OVA
5	ATBC+NMP+OV A	3	Injeção IM com ATBC e NMP (2:1 V/V) mais OVA
6	ATBC+NMP+OV A	3	Injeção IM com ATBC e NMP (1:1 V/V) mais OVA
7	ATBC+NMP+OV A	3	Injeção IM com ATBC e NMP (1:2 V/V) mais OVA
8	AdjuGel + OVA	3	Injeção IM com ATBC e NMP (1:1 V/V) mais PLGA e OVA

Ovalbumina é 100ug por injeção. O volume é de 0,5 ml por injeção.

2.2.2.4. *Procedimentos*

Todos os grupos foram inoculados IM uma vez no dia 0 e foram recolhidas amostras de sangue de 2 em 2 semanas. As amostras de sangue foram diluídas em série com 0,05% de Tween 20 em PBS: 1:1.000, 1:10.000, 1:100.000 e 1:1.000.000. Os títulos de IgG foram verificados por ELISA (Enzyme-Linked Immunosorbant Assay); utilizar Log10EC50 como medida da resposta imunitária. EC50 significa meia concentração máxima efectiva e a absorvância da *diluição* 1:1000 *foi utilizada como máxima.*

2.2.2.5. Ensaio de imunoabsorção enzimática (ELISA)

Placas de microtitulação de 96 poços (placas de ligação de alta proteína da Costar) foram revestidas durante a noite com 100 µl de solução de revestimento contendo 3 µg/mL de ovalbumina (OVA) a 4 °C. Para remover a OVA não ligada, as placas foram lavadas três vezes com PBS (pH 7,4) contendo 0,05% de Tween 20 (PBST). As amostras de soro (100 µl.Avell) de ratinhos individuais foram diluídas em série em PBST: 1:1.000, 1:10.000, 1:100.000 e 1:1.000.000. As placas foram então incubadas durante duas horas à temperatura ambiente. As placas foram novamente lavadas três vezes com PBST, seguindo-se a adição de 100 µl de PBST contendo IgG anti-coelho de cabra conjugada com peroxidase de rábano (HRP) (diluída 1:4000) (Abcam, ab6721). Após um período de incubação de duas horas à temperatura ambiente, as placas foram lavadas três vezes com PBST, seguidas da adição de 200 µl de 0,4 mg/ml de substrato de peroxidase OPD (Sigma P9187, Sigma-Aldrich, St. Louis, MO) e deixadas a reagir durante 30 minutos à temperatura ambiente. A densidade ótica (DO) da reação foi medida a 450 nm utilizando um leitor de placas. O software BioDataFit foi aplicado para tratar os dados através do modelo de quatro parâmetros. Os títulos do soro são apresentados como Log10EC50.

2.2.2.6. Análise estatística

Os resultados são expressos como média ± S.D. A análise estatística foi efectuada para a análise das diferenças entre as médias dos títulos de anticorpos séricos, utilizando o *teste t* de Student com duas margens. As diferenças entre as médias foram aceites como significativas se *P fosse* inferior a 0,05.

2.2.3. Resultados e discussão

Os títulos séricos foram registados com Log10EC50 e os resultados são apresentados no Quadro 2-4.

Tabela 2-4. Os resultados dos títulos de anticorpos IgG anti-OVA no soro para os grupos 1, 2, 3, 4, 5, 6, 7 e 8 em diferentes momentos do Dia 0, semana 2, 4, 6 e 8.

	Gl	G2	G3	G4	G5	G6	G7	G8
Dia 0	0±0	0±0	0±0	0±0	0±0	0±0	0±0	0±0
2 semanas	0.34±0.42	0.1±0	0.67±0.43	0.1±0	0.34±0.42	0.26±0.28	0.1±0	0.74±0.42
4 semanas	0.31±0.37	0.1±0	0.69±0.33	0.1±0	0.31±0.37	0.29±0.33	0.1±0	1.41±0.19
6 semanas	0.17±0.12	0.1±0	0.55±0.35	0.1±0	0.17±0.12	0.24±0.24	0.1±0	1.48±0.22
8 semanas	0.27±0.29	0.1±0	0.63±0.53	0.1±0	0.27±0.29	0.16±0.1	0.1±0	1.29±0.25

Valor P (6 semanas)	0.025*

Os títulos de anticorpos IgG anti-OVA no soro foram registados com Log10EC50 e os resultados foram apresentados como Média ± S.D.

Valor de p com resultados de 6 semanas (*G3 vs. G8)

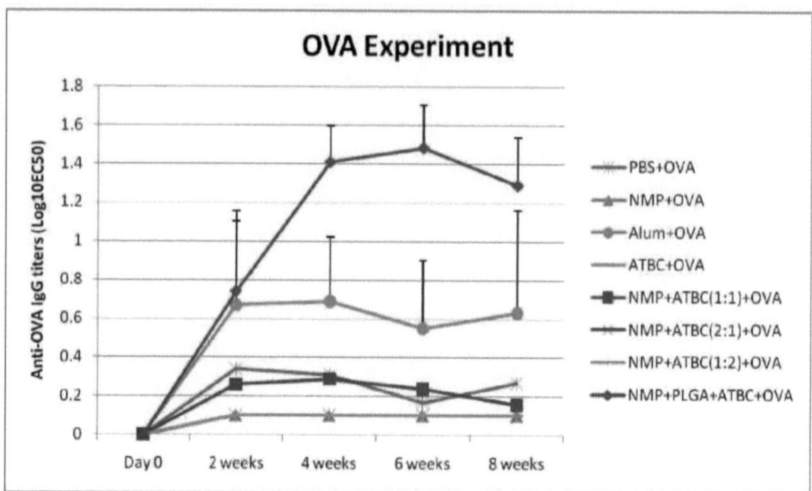

Figura 2-5. Títulos de IgG anti-OVA em soro de coelho com múltiplos pontos temporais.

Os polímeros hidrofóbicos biodegradáveis PLGA são considerados materiais inertes, pelo que assumimos que a remoção do PLGA não afectaria a adjuvância do AdjuGel. No entanto, nenhum dos grupos (grupos 4, 5, 6 e 7) sem PLGA apresentou adjuvância. Nos pontos de tempo das semanas 4, 6 e 8, o grupo 8, composto por NMP, PLGA e ATBC, induziu uma resposta imunitária muito mais forte do que o grupo Alum (P < 0,05). Claramente, o polímero PLGA desempenhou um papel fundamental no AdjuGel como adjuvante da vacina.

2.2.4. Conclusões

Do estudo e dos resultados acima referidos, concluímos que: 1. Na fórmula AdjuGel de NMP, PLGA e ATBC, o polímero PLGA e o ATBC são indispensáveis para a adjuvanticidade. 2. O sistema AdjuGel induziu uma resposta imunitária muito mais forte em comparação com o Alum (P <0,05).

2.3. Estudar o sistema AdjuGel e determinar se o NMP é necessário para a adjuvanticidade

2.3.1. Introdução

Nos estudos anteriores, demonstrámos que o ATBC e o PLGA são indispensáveis no sistema AdjuGel como adjuvante da vacina. Agora queremos responder à pergunta: o solvente orgânico NMP é um componente essencial no sistema AdjuGel para a adjuvanticidade. O solvente orgânico NMP tem sido utilizado em alguns dos medicamentos aprovados pela FDA, mas pertence à classe dos solventes dipolares apróticos e pode induzir miotoxicidade aguda e inflamação local,[51] o que pode ajudar na adjuvanticidade do sistema Adjugel. Na nova experiência, utilizámos o citrato de trietilo (TEC), um líquido relativamente mais hidrofóbico, para substituir o NMP como solvente no sistema AdjuGel.

2.3.2. Procedimentos experimentais

2.3.2.1. Materiais

Foram encomendadas nove coelhas fêmeas brancas da Nova Zelândia à Myrtles Rabbitry. O polímero biodegradável PLGA foi encomendado à Lactel Absorbable Polymers, Durect Corporation, Pelham, AL, EUA. O citrato de trietilo (TEC) foi obtido da Morflex Inc, Greensboro, NC, EUA; a albumina de soro bovino liofilizada (BSA) como antigénio foi adquirida à Sigma; o alúmen foi encomendado à Thermo Scientific. O citrato de trietilo (TEC) é um líquido oleoso incolor e inodoro, relativamente mais hidrofóbico do que o NMP. Nesta experiência, utilizámos o TEC para substituir o NMP como solvente orgânico. A estrutura química do TEC é apresentada de seguida.

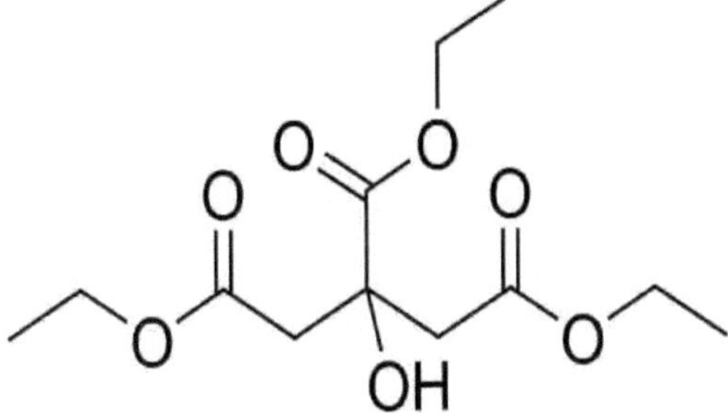

Figura 2-6. Estrutura química do TEC.

2.3.2.2. Processo de formulação

Processo de formulação da vacina BSA (todas as etapas foram preparadas assepticamente): 1. Preparar um gel branco constituído por uma mistura de PLGA e uma combinação de TEC e ATBC a 50°C-55°C. 2. Foi pesada uma quantidade adequada de gel e transferida para um frasco de vidro limpo autoclavado. Pesou-se uma quantidade adequada de BSA e misturou-se com o gel, agitando-se a mistura resultante até se obter uma mistura uniforme de gel carregado com BSA. 3. Cada dose de gel carregado com BSA contém 100ug de BSA por 0,5ml de gel. A formulação final é uma suspensão de BSA na solução de gel transparente.

2.3.2.3. Imunização de animais

Para todas as experiências de imunização, a proteína BSA liofilizada foi dissolvida em tampão PBS ou foi suspensa no sistema AdjuGel com solvente orgânico TEC imediatamente antes da injeção para obter uma concentração de 200ug/ml. Todos os coelhos receberam uma única inoculação intramuscular no dia 0.

Tabela 2-5. Atribuição do grupo experimental.

Grupo	**Tratamento**	**Número de coelhos**	**Descrição**
1	Controlo	3	Injeção IM com tampão PBS e BSA
2	ALUM+BSA	3	Injeção IM com ALUM e BSA
3	TEC+PLGA+ATBC+BSA	3	Injeção IM com TEC e ATBC (2:1 V /V) mais PLGA e BSA

O TEC (citrato de trietilo) é um solvente relativamente mais hidrofóbico quando comparado com o NMP. A dose de BSA é de 100ug por injeção. O volume é de 0,5 ml por injeção.

2.3.2.4. Procedimento

Todos os grupos foram inoculados IM uma vez no dia 0 e foram recolhidas amostras de sangue de 2 em 2 semanas. As amostras de sangue foram diluídas em série com 0,05% de Tween 20 em PBS: 1:1.000, 1:10.000, 1:100.000 e 1:1.000.000. Os títulos de IgG foram verificados por ELISA (Enzyme-Linked Immunosorbant Assay); utilizar Log10EC50 como medida da resposta imunitária. EC50 significa meia concentração máxima efectiva e a absorvância da diluição 1:1000 foi utilizada como máxima.

2.3.2.5. Ensaio de imunoabsorção enzimática (ELISA)

As placas de microtitulação de 96 poços (placas de ligação de alta proteína da Costar) foram revestidas durante a noite com 100 µl de solução de revestimento contendo 3 µg/mL de albumina de soro bovino (BSA) a 4 °C. Para remover a BSA não ligada, as placas foram lavadas três vezes com PBS (pH 7,4) contendo 0,05% de Tween 20 (PBST). As amostras de soro (100 µl.Avell) de cada coelho foram diluídas em série em PBST: 1:1.000, 1:10.000, 1:100.000 e 1:1.000.000. As placas foram então incubadas durante duas horas à temperatura ambiente. As placas foram novamente lavadas três vezes com PBST, seguindo-se a adição de 100 µl de PBST contendo IgG anti-coelho de cabra conjugada com peroxidase de rábano (HRP) (diluída 1:4000) (Abcam, ab6721). Após um período de incubação de duas horas à temperatura ambiente, as placas foram lavadas três vezes com PBST, seguidas da adição de 200 µl de 0,4 mg/ml de substrato de peroxidase OPD (Sigma P9187, Sigma-Aldrich, St. Louis, MO) e deixadas a reagir durante 30 minutos à temperatura ambiente. A densidade ótica (DO) da reação foi medida a 450 nm utilizando um leitor de placas. O software BioDataFit foi aplicado para tratar os dados através do modelo de quatro parâmetros. Os títulos do soro são apresentados como Log10EC50.

2.3.2.6. Análise estatística

Os resultados são expressos como média ± S.D. A análise estatística foi efectuada para a análise das diferenças entre as médias dos títulos de anticorpos séricos, utilizando o *teste t* de Student com duas margens. As diferenças entre as médias foram aceites como significativas se *P fosse* inferior a 0,05.

2.3.3. Resultados e discussão

Os títulos séricos foram registados com Log10EC50 e os resultados são apresentados no Quadro 2-6.

Tabela 2-6. Os resultados dos títulos de anticorpos IgG anti-BSA no soro para os grupos 1, 2 e 3 em diferentes momentos do Dia 0, semana 2, 4, 6 e 8.

	Gl	G2	G3
Dia 0	0±0	0±0	0±0
2 semanas	0.91±0.7	1.42±0.25	0.92±0.38
4 semanas	0.64±0.49	1.18±0.04	1.68±0.32
6 semanas	0.78±0.59	1.27±0.21	1.58±0.26
8 semanas	0.48±0.42	0.96±0.22	1.36±0.34
Valor P			
(6 semanas)			0.044*

Os títulos de anticorpos IgG anti-BSA no soro foram registados com Log10EC50 e os resultados foram apresentados como Média ± S.D.

Valor de p com resultados de 4 semanas (*G3 vs. G1)

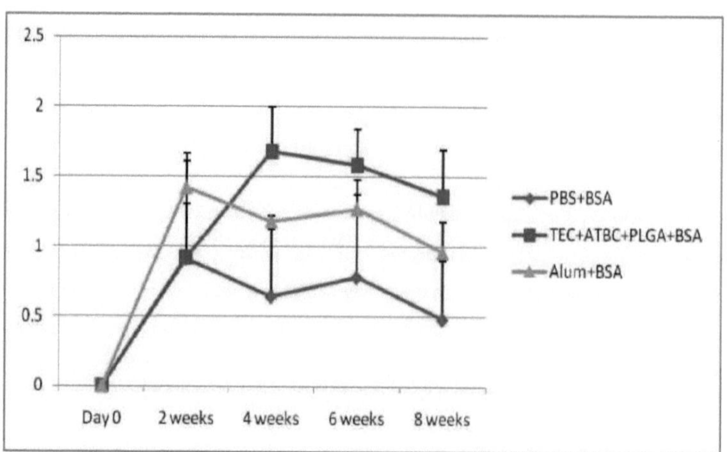

Figura 2-7. Títulos de IgG anti-BSA em soro de coelho com múltiplos pontos temporais.

A partir dos resultados, pudemos ver que, mesmo utilizando um solvente orgânico mais hidrofóbico, em vez de NMP, o sistema AdjuGel ainda pode induzir uma forte resposta imunitária. No momento da semana 4, existe uma diferença significativa entre o grupo 3, composto por TEC, PLGE e ATBC, e o grupo 1 (controlo negativo) ($P < 0,05$).

2.3.4. Conclusão

No sistema AdjuGel, o solvente orgânico NMP é substituível e outros solventes mais hidrofóbicos podem ser utilizados neste sistema.

CAPÍTULO 3. DESENVOLVIMENTO DE NOVAS FORMULAÇÕES DE VACINAS COM RESPOSTA IMUNITÁRIA RETARDADA BASEADAS NO SISTEMA ADJUGEL UTILIZANDO O SOLVENTE ORGÂNICO NMP

3.1. Introdução

A partir das três experiências do Capítulo 2, podemos concluir que o sistema AdjuGel é um novo tipo de adjuvante ou sistema de administração de vacinas, que tem um potencial significativo para a atividade de libertação sustentada e o desenvolvimento de vacinas de dose única.

As formulações à base de óleo são uma das formulações mais clássicas em adjuvantes de vacinas. Estudos anteriores mostraram que nem os óleos nem os tensioactivos isoladamente podem induzir respostas imunitárias fortes[5]. Comparámos os adjuvantes de vacinas à base de óleo com o sistema AdjuGel e verificámos que o sistema AdjuGel apresentava um modo de ação semelhante ao dos adjuvantes de vacinas à base de óleo. Nos sistemas AdjuGel, o ATBC pode ser considerado o óleo e o polímero PLGA pode ser considerado o surfactante. Tal como acontece com os adjuvantes à base de óleo, a remoção do ATBC ou do polímero PLGA pode levar à perda de uma forte resposta imunitária. No entanto, o polímero hidrofóbico PLGA não é um surfactante. Em condições normais, o PLGA não actua como um tensioativo devido ao seu elevado peso molecular. Quando exposto a meios aquosos, tais como tampões PBS ou tecidos, o polímero hidrofóbico PLGA ou PLA absorve água e as ligações éster quebram-se por hidrólise, o que leva a que as cadeias poliméricas longas se dividam em cadeias mais curtas. Consequentemente, a redução do peso molecular produz um aumento da hidrofilicidade. Quando o equilíbrio hidrofilicidade-lipofilicidade (HLB) do polímero atinge uma escala adequada, o polímero hidrofóbico PLGA ou PLA apresenta as caraterísticas dos surfactantes, o que, por sua vez, pode alterar o sistema AdjuGel, tornando-o mais semelhante ao adjuvante clássico de vacinas à base de óleo e induzindo respostas imunitárias.

Com base na hipótese acima referida, o sistema AdjuGel deveria apresentar uma resposta imunitária retardada, uma vez que a degradação do polímero PLGA necessitará de algum tempo *in vivo*. No entanto, na experiência com coelhos, não se observou uma resposta retardada. A razão deve-se provavelmente à via de administração intramuscular. Injetado nos tecidos musculares, o sistema ISI será degradado muito rapidamente. O espaço limitado no músculo impede o sistema ISI de formar um implante único com integridade. Além disso, a circulação sanguínea abundante nos tecidos musculares provoca uma elevada taxa de metabolismo, o que também acelera a degradação do polímero PLGA. Por conseguinte, não foi demonstrada uma resposta retardada na experiência com coelhos. A fim de abrandar a taxa de degradação, optámos por utilizar uma injeção subcutânea em vez de uma injeção intramuscular.

Para a nova experiência com animais, foram escolhidos dois polímeros de PLGA diferentes para testar se poderiam proporcionar respostas imunitárias retardadas. O primeiro é um polímero relativamente hidrofílico e de degradação rápida; o segundo polímero PLGA é um polímero mais hidrofóbico e de degradação lenta. Previmos que a formulação com o segundo polímero de PLGA poderia proporcionar uma resposta imunitária retardada em comparação com a formulação com o primeiro polímero de PLGA.

Uma vez que o sistema AdjuGel é uma nova formulação para o adjuvante da vacina, é necessário determinar o tipo de imunidade (imunidade humoral ou mediada por células). É sabido que o Alum desencadeia uma resposta imunitária humoral (resposta Th2) em vez de uma resposta imunitária mediada por células (resposta Th1). [52] Utilizámos o Alum como controlo e medimos os títulos totais de IgG, os títulos do isótipo IgG1 (representam a imunidade humoral) e os títulos do isótipo IgG2a (representam a imunidade mediada por células) na nova experiência.

3.2. Procedimentos experimentais

3.2.1. Materiais

35 ratinhos fêmeas BABL/c (6-8 semanas) foram encomendados ao Jackson Lab. O polímero biodegradável PLGA foi encomendado à Lactel Absorbable Polymers, Durect Corporation, Pelham, AL, EUA. O NMP foi obtido da ISP Pharm Technologies; o acetil tributil citrato (ATBC) foi obtido da Morflex Inc, Greensboro, NC, EUA; a ovalbumina liofilizada (OVA) como antigénio foi adquirida à Sigma; o alúmen foi encomendado à Thermo Scientific.

3.2.2. Métodos

Processo de formulação das vacinas (todas as etapas foram preparadas assepticamente): 1. Preparar quatro grupos de AdjuGels constituídos por uma mistura de PLGA e uma combinação de NMP e ATBC a 50°C-55°C. 2. Foi pesada uma quantidade adequada de gel e transferida para um frasco de vidro limpo e autoclavado. Pesou-se uma quantidade adequada de OVA e misturou-se com o gel, agitando-se a mistura resultante até se obter uma mistura uniforme de gel carregado com OVA. 3. Cada dose de gel carregado com OVA contém 50ug de OVA por 0,1ml de gel. A formulação final é uma suspensão de OVA na solução de gel transparente.

3.2.2.1. Estudos in vitro:

Um mililitro de cada gel de vacina (as formulações são as mesmas dos grupos 4, 5, 6 e 7 abaixo) foi colocado num frasco limpo autoclavado de 20 ml e, em seguida, foram adicionados 4,0 ml de PBS (pH 7,4, 0,01 M). Os frascos de amostras foram mantidos num agitador a 37°C a 60 rpm. Às 24 horas e, depois, em intervalos de dois dias e uma semana, foram recolhidos 3,0 ml de amostra de PBS e analisados quanto à concentração de ovalbumina e ATBC com o método de imunoensaio enzimático

(EIA) e cromatografia líquida de alta resolução (HPLC). Após cada recolha, foram adicionados 3,0 ml de PBS fresco. Os perfis de libertação foram calculados através da libertação cumulativa com o tempo de incubação.

3.2.2.1.1. Desenvolvimento de método analítico para OVA (EIA)

As placas de microtitulação de 96 poços (placas de alta ligação proteica da Costar) foram revestidas durante a noite com 100 μl de soluções padrão de ovalbumina e amostras para teste a 4 ◦C. Para remover a OVA não ligada, as placas foram lavadas três vezes com PBS (pH 7,4) contendo 0,05% de Tween 20 (PBST). O anticorpo primário de coelho foi diluído em PBST e carregado nas placas com 100 μL/well. As placas foram então incubadas durante duas horas à temperatura ambiente. As placas foram novamente lavadas três vezes com PBST, seguidas da adição de 100 μL de PBST contendo IgG anti-coelho de cabra conjugada com peroxidase de rábano (HRP) (diluída 1:4000) (Abcam, ab6721). Após um período de incubação de duas horas à temperatura ambiente, as placas foram lavadas três vezes com PBST, seguidas da adição de 200 μL de 0,4 mg/ml de substrato de peroxidase OPD (Sigma P9187, Sigma-Aldrich, St. Louis, MO) e deixadas a reagir durante 30 minutos à temperatura ambiente. A densidade ótica (DO) da reação foi medida a 450 nm utilizando um leitor de placas. As concentrações de OVA da amostra foram calculadas de acordo com a curva padrão.

3.2.2.1.2. Desenvolvimento de método analítico para ATBC (HPLC)

O ATBC foi analisado por fase reversa (RP)-HPLC utilizando uma coluna C18, 150 mm × 4,60 mm (SGE Analytical Science. Part No. 250112). A fase móvel foi uma mistura 7:3 de acetonitrilo (grau HPLC) e água (grau HPLC). A taxa de fluxo foi fixada em 1 ml/min e o volume do injetor em 50 μm. A absorvância UV foi medida a 234 nm utilizando um detetor de matriz de fotodíodos equipado com o sistema de cromatografia líquida de alta eficiência (HPLC). Os resultados foram calculados com base nas leituras de uma série-padrão de ATBC. [53]

3.2.2.2. Imunização de animais

Para todas as experiências de imunização, a proteína OVA liofilizada foi dissolvida em tampão PBS ou foi suspensa em diferentes sistemas AdjuGel com o solvente orgânico NMP imediatamente antes da injeção para obter uma concentração de 500ug/ml. Todos os ratinhos receberam uma única inoculação S.C. na parte inferior das costas no dia 0.

Tabela 3-1. Atribuição dos grupos experimentais.

Grupo	Tratamento	Número do rato	Descrição

1	Controlo	5	Injeção s.c. com tampão PBS e OVA
2	Emulsão ATBC +OVA	5	Injeção s.c. de emulsão ATBC e OVA
3	ALUM+OVA	5	Injeção de S.C. com ALUM e OVA
4	AdjuGel 1 + OVA	5	Injeção s.c. com AdjuGel 1 e OVA
5	AdjuGel 2 +OVA	5	Injeção s.c. com AdjuGel 2 e OVA
6	AdjuGel 3 +OVA	5	Injeção s.c. com AdjuGel 3 e OVA
7	AdjuGel 4 +OVA	5	Injeção s.c. com AdjuGel 4 e OVA

A dose de ovalbumina é de 50 mg por injeção. O volume é de 100ul por injeção.

AdjuGel 1: NMP, ATBC e PLGA de baixo peso molecular (50:50; IV: 0,65). A concentração de ATBC é de 30% (w/w).

AdjuGel 2: NMP, ATBC e PLGA de baixo peso molecular (50:50; IV: 0,65). A concentração de ATBC é de 15% (w/w).

AdjuGel 3: NMP, ATBC e PLGA de elevado peso molecular (85:15; IV: 0,65). O

A concentração de ATBC é de 30% (w/w).

AdjuGel 4: NMP, ATBC e PLGA de elevado peso molecular (85:15; IV: 0,65). O

A concentração de ATBC é de 15% (w/w).

A concentração de PLGA no AdjuGel 1, AdjuGel 2, AdjuGel 3 e AdjuGel 4 é de 20% (w/w).

3.2.2.3. Procedimentos

Todos os grupos foram inoculados S. C. uma vez no dia 0 e foram colhidas amostras de sangue de 2 em 2 semanas nos primeiros 2 meses e, posteriormente, de 3 em 3 ou de 4 em 4 semanas.

As amostras de sangue foram diluídas em série com 0,05% de Tween 20 em PBS: 1:100, 1:1.000, 1:10.000 e 1:100.000.

Os títulos de IgG foram verificados por ELISA (Enzyme-Linked Immunosorbant Assay); utilizar Log10EC50 como medida da resposta imunitária.

EC50 significa meia concentração máxima efectiva e a absorvância da diluição 1:100 foi utilizada como máxima.

3.2.2.4. Ensaio de imunoabsorção enzimática (ELISA)

Placas de microtitulação de 96 poços (placas de ligação de alta proteína da Costar) foram revestidas durante a noite com 100 µl de solução de revestimento contendo 3 µg/mL de ovalbumina (OVA) a 4 °C. Para remover a OVA não ligada, as placas foram lavadas três vezes com PBS (pH 7,4) contendo 0,05% de Tween 20 (PBST). As amostras de soro (100 µl.Avell) de ratinhos individuais foram diluídas em série em PBST: 1:100, 1:1.000, 1:10.000 e 1:100.000. As placas foram então incubadas durante duas horas à temperatura ambiente. As placas foram novamente lavadas três vezes com PBST, seguido da adição de 100 µl de PBST contendo IgG de cabra anti-rato conjugada com peroxidase de rábano (HRP) (diluída a 1:4000) (Abcam, ab6789), ou IgG1 de cabra anti-rato conjugada com peroxidase de rábano (HRP) (diluída 1:4000) (Abcam, ab97240) ou IgG2a de cabra anti-rato conjugada com peroxidase de rábano (HRP) (Abcam, ab97241). Após um período de incubação de duas horas à temperatura ambiente, as placas foram lavadas três vezes com PBST, seguidas da adição de 200 µl de 0,4 mg/ml de substrato de peroxidase OPD (Sigma P9187, Sigma-Aldrich, St. Louis, MO) e deixadas a reagir durante 30 minutos à temperatura ambiente. A densidade ótica (DO) da reação foi medida a 450 nm utilizando um leitor de placas. O software BioDataFit foi aplicado para tratar os dados através do modelo de quatro parâmetros. Os títulos do soro são apresentados como Log10EC50.

3.2.2.5. Análise estatística

Os resultados são expressos como média ± S.D. A análise estatística foi efectuada para a análise das diferenças entre as médias dos títulos de anticorpos séricos, utilizando o *teste t* de Student com duas margens. As diferenças entre as médias foram aceites como significativas se *o valor de P* fosse inferior a 0,05.

3.3. Resultados

3.3.1. Libertação *in vitro* - Ovalbumina

O estudo da libertação *in vitro* de OVA mostrou que os quatro grupos AdjuGel podiam proporcionar uma libertação contínua e sustentada de OVA. Nos grupos de PLGA de baixo peso molecular, a OVA podia ser libertada até sete semanas; nos grupos de PLGA de elevado peso molecular, a OVA podia ser libertada até treze semanas. A elevada concentração de ATBC pode diminuir a libertação inicial de OVA porque o ATBC aumenta a hidrofobicidade nos grupos AdjuGel, o que, por sua vez, diminui a libertação inicial de OVA. No entanto, a concentração elevada de ATBC não prolongou o período de libertação total. Todos os grupos de AdjuGel libertam OVA. No dia 3, 10% do total de ovalbumina foi libertado no grupo AdjuGel 1; 24% do total de ovalbumina foi libertado no grupo AdjuGel 2; 11% do total de ovalbumina foi libertado no grupo AdjuGel 3; 14% do total de ovalbumina foi libertado no grupo AdjuGel 4;

Tabela 3-2. Dados da libertação cumulativa de OVA *in vitro* com quatro grupos AdjuGel.

	AdjuGel 1	AdjuGel 2	AdjuGel 3	AdjuGel 4
Dia 0	0±0	0±0	0±0	0±0
Dia 1	0.06±0.03	0.12±0.02	0.05±0.03	0.07±0.01
Dia 3	0.1±0.02	0.24±0.06	0.11±0.02	0.14±0.01
Semana 1	0.13±0.01	0.42±0.17	0.18±0.03	0.33±0.06
semana 2	0.16±0.02	0.57±0.07	0.27±0.04	0.44±0.04
semana 3	0.33±0.03	0.73±0.05	0.44±0.16	0.57±0.05
semana 4	0.75±0.08	0.87±0.05	0.58±0.16	0.64±0.03
semana 5	0.9±0.02	0.95±0.03	0.63±0.02	0.68±0.01
semana 6	0.95±0	0.98±0.01	0.67±0.02	0.73±0.01
semana 7	1±0.01	1±0.01	0.75±0.01	0.81±0.01
semana 8			0.83±0.01	0.88±0.02
semana 9			0.88±0	0.93±0.01
semana 10			0.92±0	0.96±0.01
semana 11			0.96±0	0.98±0.01
semana 12			0.98±0	0.99±0
semana 13			1±0	1±0

AdjuGel 1: NMP, ATBC e PLGA de baixo peso molecular (50:50; IV: 0,65). A concentração de ATBC é de 30% (p/p); AdjuGel 2: NMP, ATBC e PLGA de baixo peso molecular (50:50; IV: 0,65). A concentração de ATBC é de 15% (p/p); AdjuGel 3: NMP, ATBC e PLGA de elevado peso molecular (85:15; IV: 0,65). A concentração de ATBC é de 30% (p/p); AdjuGel 4: NMP, ATBC e PLGA de elevado peso molecular (85:15; IV: 0,65). A concentração de ATBC é de 15% (p/p). Os dados foram apresentados como média ± S. D.

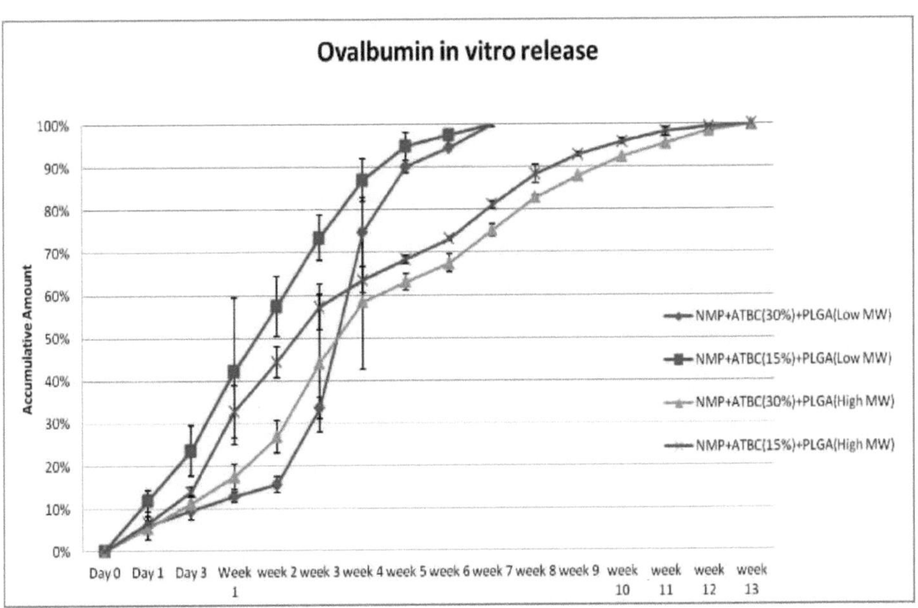

Figura 3-1. Estudo in vitro de libertação de OVA com quatro grupos de AdjuGel. AdjuGel 1: NMP, ATBC e PLGA de baixo peso molecular (50:50; IV: 0,65). A concentração de ATBC é de 30% (w/w); AdjuGel 2: NMP, ATBC e PLGA de baixo peso molecular (50:50; IV: 0,65). A concentração de ATBC é de 15% (p/p); AdjuGel 3: NMP, ATBC e PLGA de elevado peso molecular (85:15; IV: 0,65). A concentração de ATBC é de 30% (p/p); AdjuGel 4: NMP, ATBC e PLGA de elevado peso molecular (85:15; IV: 0,65). A concentração de ATBC é de 15% (p/p).

3.2.3. Libertação *in vitro* - ATBC

O estudo da libertação *in vitro* de ATBC mostrou que os quatro grupos de AdjuGel podiam proporcionar uma libertação retardada de ATBC. Nos grupos de PLGA de baixo peso molecular, o ATBC não seria libertado de forma significativa até às cinco semanas; nos grupos de PLGA de elevado peso molecular, o ATBC não seria libertado de forma significativa até às dez semanas.

Tabela 3-3. Dados da libertação cumulativa de ATBC *in vitro* com quatro grupos de AdjuGel.

	AdjuGel 1	AdjuGel 2	AdjuGel 3	AdjuGel 4
Dia 0	0±0	0±0	0±0	0±0
Dia 1	0.0004±0.0007	0.0004±0.0001	0.0002±0.0001	0.0004±0.0001
Dia 3	0.0007±0	0.0007±0	0.0005±0	0.0008±0.0001

Semana 1	0.001±0	0.0011±0	0.0007±0	0.0012±0.0003
semana 2	0.0013±0	0.0014±0	0.0009±0	0.0015±0
semana 3	0.0015±0	0.0018±0.0001	0.0011±0	0.0019±0.0002
semana 4	0.0018±0	0.0022±0.0002	0.0014±0	0.0023±0.0001
semana 5	0.2506±0.3838	0.1341±0.3741	0.0023±0.0005	0.0028±0.0007
semana 6	0.5585±0.3067	0.3531±0.2777	0.0033±0.0012	0.0031±0
semana 7	1±0.3087	1±0.3476	0.0038±0.0002	0.0038±0.0017
semana 8			0.0222±0.1081	0.0069±0.0454
semana 9			0.0246±0.0043	0.0094±0.0026
semana 10			0.0945±0.258	0.0234±0.1503
semana 11			0.1079±0.0355	0.0308±0.0532
semana 12			0.2857±0.3498	0.1137±0.425
semana 13			1±0.2423	0.9998±0.3204

AdjuGel 1: NMP, ATBC e PLGA de baixo peso molecular (50:50; IV: 0,65). A concentração de ATBC é de 30% (p/p); AdjuGel 2: NMP, ATBC e PLGA de baixo peso molecular (50:50; IV: 0,65). A concentração de ATBC é de 15% (p/p); AdjuGel 3: NMP, ATBC e PLGA de elevado peso molecular (85:15; IV: 0,65). A concentração de ATBC é de 30% (p/p); AdjuGel 4: NMP, ATBC e PLGA de elevado peso molecular (85:15; IV: 0,65). A concentração de ATBC é de 15% (p/p). Os dados foram apresentados como média ± S. D.

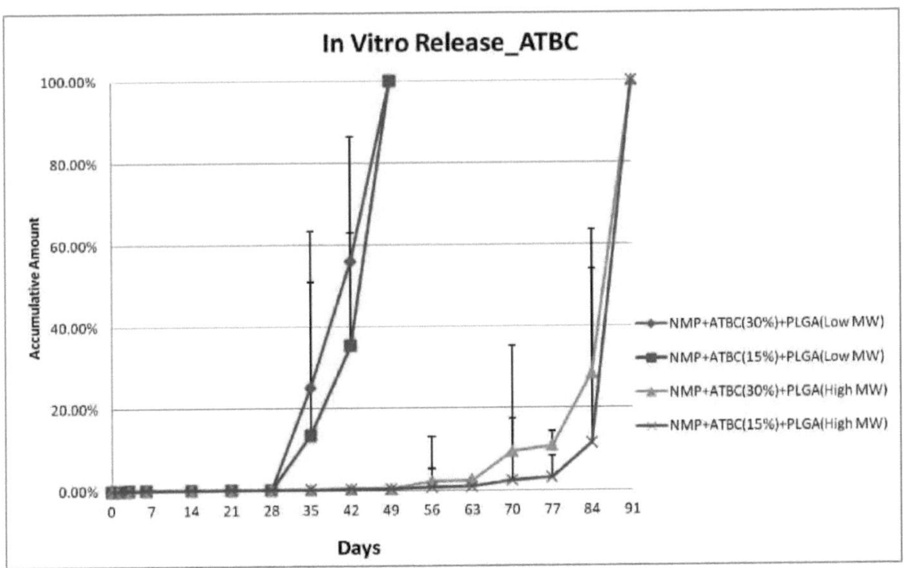

Figura 3-2. Estudo de libertação de ATBC in vitro com quatro grupos de AdjuGel: AdjuGel 1: NMP, ATBC e PLGA de baixo peso molecular (50:50; IV: 0,65). A concentração de ATBC é de 30% (w/w); AdjuGel 2: NMP, ATBC e PLGA de baixo peso molecular (50:50; IV: 0,65). A concentração de ATBC é de 15% (p/p); AdjuGel 3: NMP, ATBC e PLGA de elevado peso molecular (85:15; IV: 0,65). A concentração de ATBC é de 30% (p/p); AdjuGel 4: NMP, ATBC e PLGA de elevado peso molecular (85:15; IV: 0,65). A concentração de ATBC é de 15% (p/p).

3.2.4. Estudos *in vivo*

48 horas após a injeção S.C., todos os ratinhos dos grupos 4, 5, 6 e 7 apresentaram lesões cutâneas ligeiras a moderadas (reação inflamatória local nos locais de injeção). A razão não é muito clara, embora esteja provavelmente relacionada com o NMP. As lesões cutâneas recuperaram no prazo de duas semanas após o tratamento com pomada antibiótica.

Os títulos de IgG em todos os grupos AdjuGel mostraram-se significativamente superiores aos do controlo negativo (grupo 1) entre a semana 4 e a semana 8 (P <0,05, Tabela 3-4.). Mas não houve diferença significativa entre os grupos AdjuGel e os controlos positivos (grupos 2 e 3) entre a semana 4 e a semana 8 (P >0,05). Além disso, os grupos AdjuGel não apresentaram quaisquer respostas imunitárias retardadas, mas apresentaram perfis de respostas imunitárias normais semelhantes aos dos controlos positivos.

Os títulos de IgG1 em todos os grupos AdjuGel foram significativamente superiores aos do controlo negativo (grupo 1) entre a semana 4 e a semana 8 (P < 0,05, Tabela 3-5). No entanto, os grupos

AdjuGel não apresentaram quaisquer respostas imunitárias retardadas, mas apresentaram perfis de respostas imunitárias normais semelhantes aos dos controlos positivos.

Os títulos de IgG2a de todos os grupos foram muito baixos e não houve diferença significativa entre eles da semana 4 à semana 8 (Tabela 3-6).

Tabela 3-4. Os resultados dos títulos de anticorpos IgG anti-OVA no soro para os grupos 1, 2, 3, 4, 5, 6 e 7 em diferentes momentos do Dia 0, semana 2, 4, 6, 8, 11, 14 e 18.

	G1	G2	G3	G4	G5	G6	G7
Dia 0	0± 0	0± 0	0± 0	0± 0	0± 0	0± 0	0± 0
2 semanas	0.18± 0.05	0.81± 0.14	0.56± 0.21	0.83± 0.24	0.43± 0.31	1.01± 0.51	0.66± 0.35
4 semanas	0.28± 0.15	0.92± 0.14	0.94± 0.25	0.91± 0.43	0.59± 0.5	1.14± 0.5	0.79± 0.47
6 semanas	0.35± 0.13	0.88± 0.2	1.03± 0.19	0.73± 0.78	1.23± 0.5	1.24± 0.76	0.84± 0.49
8 semanas	0.4± 0.27	0.99± 0.16	1.18± 0.5	1± 0.69	0.88± 1.09	1.32± 0.79	0.88± 0.67
11 semanas	0.34± 0.29	0.98± 0.23	1.19± 0.22	0.72± 0.5		1.26± 0.74	1± 0.75
14 semanas	0.63± 0.31	1.03± 0.31	1.14± 0.3	0.71± 0.54		1.13± 0.73	0.91± 0.67
18 semanas	0.2± 0	0.38± 0.1	0.38± 0.1	0.4± 0.2		0.58± 0.25	0.6± 0.3
Valor P (6 semanas)				0.693*	0.347**	0.422***	0.884****

Os títulos séricos de IgG total anti-OVA foram registados com Log10EC50 e os dados foram apresentados como Média ± S. D.

Valores de p com resultados de 6 semanas (*G4 vs. G2; **G5 vs. G2; ***G6 vs. G2; ****G7 vs. G2)

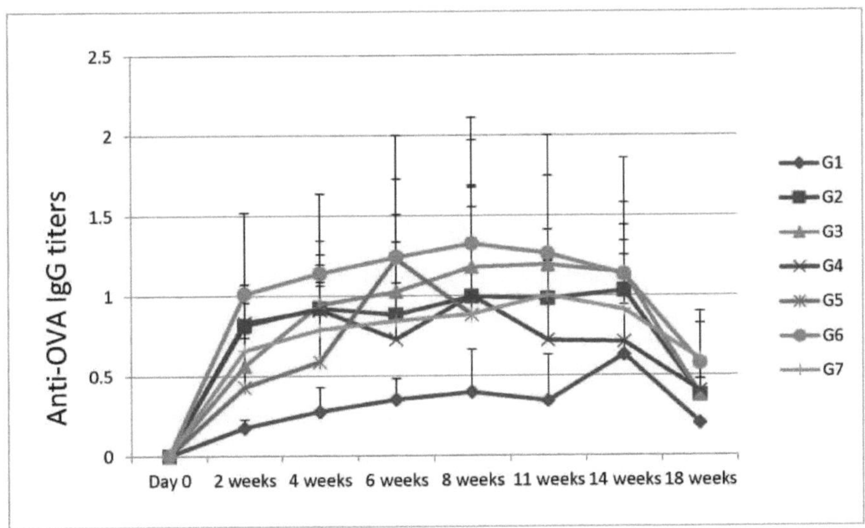

Figura 3-3. Títulos de anticorpos IgG anti-OVA no soro de ratinhos. G1, injeção de S.C. com tampão PBS e OVA; G2, injeção de S.C. com emulsão ATBC e OVA; G3, injeção de S.C. com ALUM e OVA; G4, injeção de S.C. com AdjuGel 1 e OVA; G5, injeção de S.C. com AdjuGel 2 e OVA; G6, injeção de S.C. com AdjuGel 3 e OVA; G7, injeção de S.C. com AdjuGel 4 e OVA.

Tabela 3-5. Os resultados dos títulos de anticorpos IgG1 anti-OVA no soro para os grupos 1, 2, 3, 4, 5, 6 e 7 em diferentes momentos do Dia 0, semana 2, 4, 6, 8, 11, 14 e 18.

	G1	G2	G3	G4	G5	G6	G7
Dia 0	0±0	0±0	0±0	0±0	0±0	0±0	0±0
	0.15±0.0	0.82±0.2	0.69±0.2	0.77±0.3	0.37±0.2	1.17±0.5	
2 semanas	6	6	8	8	9	4	0.7±0.38
	0.23±0.1	0.98±0.0	0.96±0.3	1.02±0.6	0.61±0.6	1.26±0.4	0.85±0.6
4 semanas	2	9	1	2	3	9	3
	0.38±0.1	0.95±0.2	1.16±0.2		1.75±0.1	1.38±0.8	0.87±0.5
6 semanas	7	1	5	0.73±0.8	3	1	6
	0.41±0.3	1.03±0.2	1.26±0.4	1.06±0.7	0.91±1.1	1.43±0.8	0.93±0.7
8 semanas	1	6	7	5	6	2	2
	0.32±0.3		1.34±0.2	0.79±0.6			1.02±0.8

11 semanas	1	1.06±0.2	3	2		1.3±0.84	1
	0.68±0.3	1.14±0.3	1.26±0.3	0.78±0.7		1.22±0.7	0.98±0.7
14 semanas	7	4	4	3		5	6
						0.45±0.2	0.55±0.3
18 semanas	0.1±0	0.3±0.1	0.3±0.1	0.4±0.2		5	5

Os títulos séricos de IgG1 anti-OVA foram registados com Log10EC50 e os dados foram apresentados como Média ± S. D.

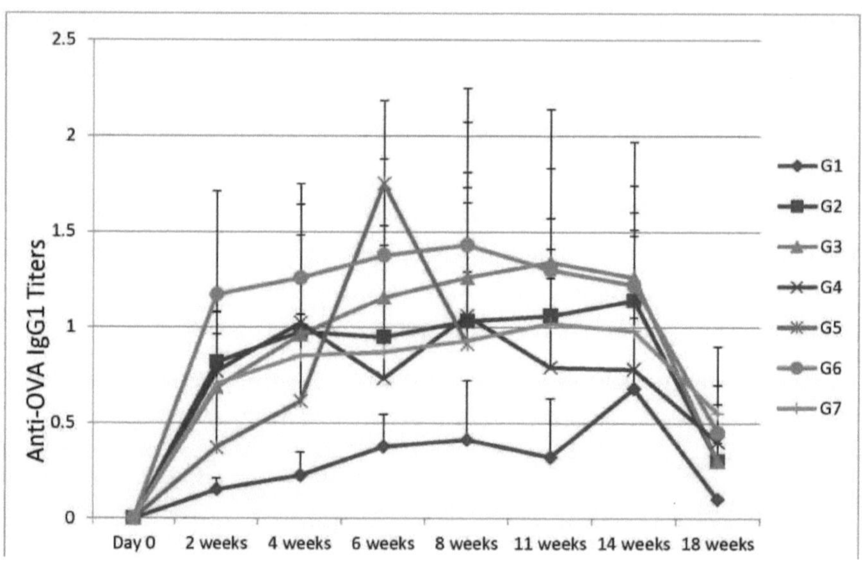

Figura 3-4. Títulos de anticorpos IgG1 anti-OVA no soro de ratinhos. G1, injeção S.C. com PBS e OVA; G2, S.C. injeção em emulsão ATBC e OVA; G3, S.C. injeção com ALUM e OVA; G4, S.C. injeção com AdjuGel 1 e OVA; G5, S.C. injeção com AdjuGel 2 e OVA; G6, S.C. injeção com AdjuGel 3 e OVA; G7, S.C. injeção com AdjuGel 4 e OVA.

Tabela 3-6. Resultados dos títulos de anticorpos séricos anti-OVA IgG2a para os grupos 1, 2, 3, 4, 5, 6 e 7 em diferentes momentos do Dia 0, semana 2, 4, 6 e 8.

Gl		**G2**	**G3**	**G4**	**G5**	**G6**	**G7**
Dia 0	0±0	0±0	0±0	0±0	0±0	0±0	0±0
	0.06±0.00	0.06±0.00	0.07±0.02		0.06±0.00		0.06±0.00

2 semanas	5	8	9	0.17±0.12	6	0.06±0	8
	0.06±0.00	0.07±0.00	0.07±0.01	0.06±0.01	0.06±0.00	0.08±0.01	0.07±0.00
4 semanas	5	9	3	1	6	2	8
	0.06±0.00	0.09±0.02		0.07±0.00			0.07±0.01
6 semanas	5	5	0.1±0.021	5	0.1±0.01	0.1±0.007	9
	0.06±0.00				0.08±0.03	0.12±0.06	0.11±0.06
8 semanas	6	0.1±0.026	0.1±0.046	0.1±0.035	4	5	8

Os títulos séricos de IgG2a anti-OVA foram registados com Log10EC50 e os dados foram apresentados como Média ± S. D.

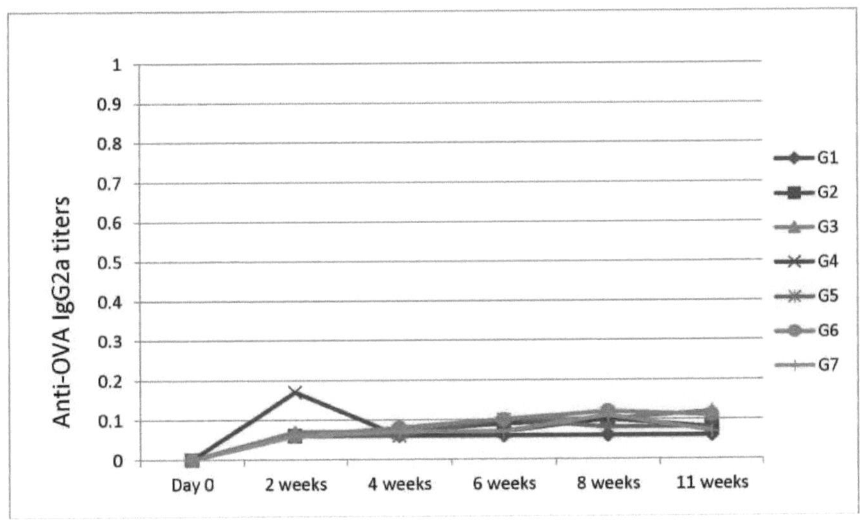

Figura 3-5. Títulos de anticorpos IgG2a anti-OVA no soro de ratinhos. G1, injeção S.C. com PBS e OVA; G2, S.C. injeção em emulsão ATBC e OVA; G3, S.C. injeção com ALUM e OVA; G4, S.C. injeção com AdjuGel 1 e OVA; G5, S.C. injeção com AdjuGel 2 e OVA; G6, S.C. injeção com AdjuGel 3 e OVA; G7, S.C. injeção com AdjuGel 4 e OVA.

3.4. Discussão

Embora tenha sido apresentada uma libertação retardada de ATBC no estudo *in vitro*, os estudos *in vivo em* ratos mostraram claramente que a resposta imunitária foi detectada em duas semanas, o que significa que provavelmente não houve libertação retardada de ATBC *in vivo.*

Porque é que existe uma diferença entre os resultados *in vitro* e *in vivo*?

Com base na inflamação local nos locais de injeção e nas lesões cutâneas circundantes, acreditámos que o solvente orgânico N-metil-2-pirrolidona (NMP) é o componente-chave que induziu a inflamação e pode acelerar a degradação do polímero PLGA, o que, por sua vez, pode causar respostas imunitárias rápidas logo após as injecções.

A NMP foi utilizada nalguns medicamentos aprovados pela FDA, como o Eligard® (acetato de leuprolide para implante in situ de depósito). Em 1998, um estudo com macacos rhesus demonstrou que a NMP é um solvente orgânico seguro num sistema de administração de medicamentos [54]. [54] A nossa experiência anterior com coelhos também não mostrou quaisquer efeitos secundários com a injeção de formulações de gel contendo NMP. Embora a NMP parecesse segura nas experiências com macacos e coelhos, no nosso estudo com ratos, apresentou uma forte irritação dos tecidos e causou inflamação local nos locais de injeção. Em 2001, Kranz e os seus colegas estudaram três solventes orgânicos biocompatíveis: NMP, DMSO e 2-pirrolidona para a toxicidade aguda ou danos nos tecidos após injeção intramuscular em ratos[50]. Descobriram que a ordem de classificação dos danos nos tecidos dos solventes era 2-pirrolidona< DMSO< NMP. (Ver figura 17 abaixo)[50]

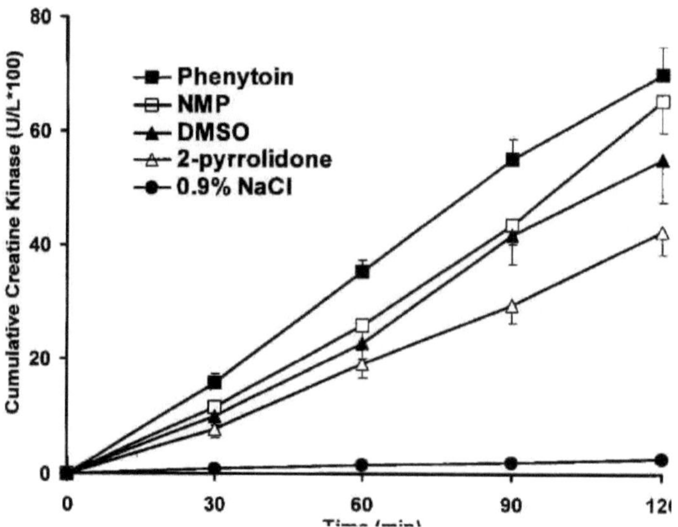

Figura 3-6. Libertação cumulativa de CK após a injeção de Nmetil-2-pirrolidona (NMP), dimetilsulfóxido (DMSO), 2-pirrolidona, fenitoína (controlo positivo) e NaCl a 0,9% (controlo negativo)[50].

Com base nos dados publicados e nos nossos estudos, parece que o solvente orgânico NMP é relativamente seguro para animais de grande porte, como o macaco e o coelho, mas pode ser tóxico para animais de pequeno porte, como a ratazana e o rato. Nos estudos anteriores, concluímos que o solvente orgânico NMP é substituível e que podem ser utilizados outros solventes mais hidrofóbicos no sistema AdjuGel. (No Capítulo 2) Por isso, decidimos encontrar um solvente orgânico mais seguro e menos irritante para o sistema AdjuGel.

De acordo com a diretriz Q3C da FDA,[55] o solvente orgânico NMP pertence à classe 2, que foi definida como "carcinogéneos animais não genotóxicos ou possíveis agentes causadores de toxicidade irreversível, como a neurotoxicidade ou a teratogenicidade"[56]. Para diminuir a inflamação local e melhorar a biocompatibilidade, começámos a analisar os solventes da classe 3, uma vez que são muito mais seguros do que os solventes da classe 2.

Após uma análise cuidadosa das listas de solventes orgânicos da classe 3, o acetato de etilo (EA) tornou-se uma boa escolha de solvente orgânico, uma vez que não só podia aumentar a hidrofobicidade como também diminuir a viscosidade do sistema AdjuGel. Em 2008, Rungseevijitprapa e os seus colegas estudaram os solventes orgânicos acetato de etilo, álcool benzílico, citrato de trietilo, carbonato de propileno e triacetina relativamente à toxicidade aguda ou aos danos nos tecidos após injeção intramuscular em ratos[51], tendo verificado que a ordem de classificação dos danos nos tecidos provocados pelos solventes era a seguinte: acetato de etilo< carbonato de propileno < triacetina< citrato de trietilo< álcool benzílico. (Ver figura 18 abaixo) O acetato de etilo apresentou um baixo potencial tóxico, que é semelhante ao da solução salina normal isotónica (0,9% NaCl)[51]

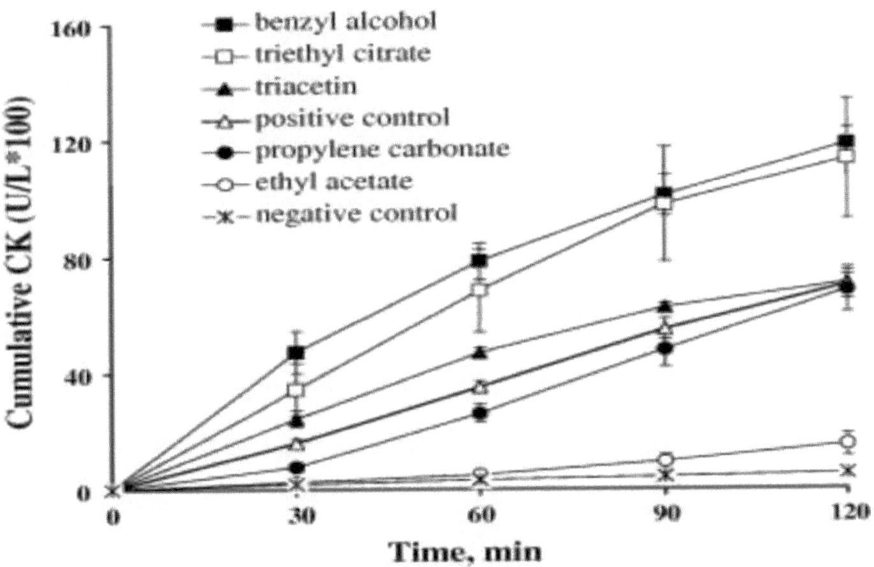

Figura 3-7. Libertação cumulativa de CK após 120 minutos da injeção de solventes não diluídos em

comparação com o controlo positivo (fenitoína) e o controlo negativo (NaCl a 0,9%). [51]

Devido aos dados acima referidos, decidimos escolher acetato de etilo em vez de NMP no sistema AdjuGel para estudos futuros.

Com base nos resultados, podemos ver claramente que o sistema AdjuGel apresentou perfis de resposta imunitária semelhantes aos observados com os controlos positivos, Alum e emulsão ATBC. Todos exibiram títulos de IgG1 relativamente elevados, mas títulos de IgG2a muito baixos, o que sugere que a formulação testada pode induzir uma imunidade humoral eficaz, mas não consegue induzir boas respostas imunitárias mediadas por células, ou sugere a ausência de uma resposta de células T helper tipo 1 (Th1). Se forem necessárias respostas imunitárias mediadas por células, devem ser adicionados outros imunopotenciadores.

3.5. Conclusão

A partir dos dados acima, concluímos que: 1. O solvente orgânico NMP demonstrou toxicidade para os ratos após injeção subcutânea e induziu inflamação nos locais de injeção. 2. O sistema AdjuGel, composto por NMP, PLGA e ATBC, induz uma forte resposta Th2 com pouca ou nenhuma resposta Th1, o que é semelhante ao adjuvante clássico à base de óleo e ao adjuvante Alum. 3. Embora o sistema AdjuGel, composto por NMP, PLGA e ATBC, tenha apresentado uma libertação retardada de ATBC *in vitro*, não demonstrou uma resposta imunitária retardada *in vivo*.

CAPÍTULO 4. DESENVOLVIMENTO DE NOVAS FORMULAÇÕES COM RESPOSTA IMUNITÁRIA RETARDADA BASEADAS NO SISTEMA ADJUGEL UTILIZANDO O SOLVENTE ORGÂNICO ACETATO DE ETILO

4.1. Introdução

As formulações de libertação pulsátil para vacinas de dose única têm sido estudadas há muitos anos devido às vantagens de poderem simular a administração da vacina com injecções primárias e de reforço. O ponto-chave mais importante na conceção da formulação é a forma de realizar a resposta retardada e controlar a janela temporal da resposta de reforço. A estratégia geral centrou-se na libertação retardada programada de antigénios, a fim de induzir a resposta de reforço retardada [47]. [47] Embora a libertação retardada programada de antigénios possa ser realizada *in vitro*, a libertação retardada de antigénios *in vitro* não equivale a uma resposta imunitária retardada *in vivo*. Até à data, nenhum dos sistemas de administração de vacinas conseguiu obter uma resposta imunitária retardada *in vivo*. Tentámos atingir este objetivo concebendo um novo sistema de administração de vacinas com libertação retardada tanto do antigénio como do adjuvante da vacina. Considerando as funções do adjuvante da vacina em vacinas de subunidade, acreditamos que a libertação retardada do adjuvante da vacina é provavelmente mais importante do que a libertação retardada do antigénio para respostas imunitárias retardadas. No sistema AdjuGel, o óleo, o ATBC e o polímero hidrofóbico PLGA são os componentes-chave para a resposta imunitária. Uma vez que o ATBC é um plastificante para o polímero PLGA, pode interpor-se entre os fios individuais do polímero para formar uma condição miscível com o polímero solidificado. Sob esta estrutura, o polímero pode reter o plastificante ATBC e o ATBC não será libertado até que o polímero comece a degradar-se. Assim, a libertação de ATBC e PLGA é determinada pela degradação do polímero PLGA. O solvente orgânico acetato de etilo é o éster do etanol e do ácido acético. Trata-se de um solvente seguro com baixa toxicidade. Após injeção intramuscular em ratos, apresentou uma toxicidade aguda ou danos nos tecidos semelhantes aos da solução salina normal isotónica (0,9% NaCl)[51]. Além disso, o acetato de etilo é um solvente relativamente mais hidrofóbico do que o NMP. A sua solubilidade em água é de 8,3 g/100 ml a 20 °C e o NMP é miscível com a água. A hidrofobicidade do acetato de etilo pode ajudar a diminuir a libertação súbita de proteínas antigénicas no sistema AdjuGel. A libertação rápida de proteínas antigénicas pode contribuir para a resposta rápida dos grupos AdjuGel na experiência anterior. Não só o acetato de etilo pode diminuir a libertação rápida de proteínas antigénicas, como a sua hidrofobicidade também pode abrandar a velocidade de degradação do polímero PLGA no sistema AdjuGel, o que estabilizará o sistema AdjuGel e prolongará o período de atraso antes da resposta.

4.2. **Procedimentos experimentais**

4.2.1. Materiais

Vinte ratinhos fêmeas ICR (6-8 semanas) foram encomendados à Harlan Laboratories. O polímero biodegradável PLGA e o ácido poliláctico (PLA) foram encomendados à Lactel Absorbable Polymers, Durect Corporation, Pelham, AL, EUA. O acetato de etilo foi encomendado à Fisher Scientific; o citrato de acetiltributilo (ATBC) foi obtido da Morflex Inc, Greensboro, NC, EUA; a ovalbumina liofilizada (OVA) como antigénio foi adquirida à Sigma.

Dois polímeros de PLGA, PLGA (50:50, ácido lático: ácido glicólico) e PLGA (85:15, ácido lático: ácido glicólico) foram utilizados no estudo de libertação *in vitro* para comparar os perfis de libertação de OVA e ATBC. O polímero PLGA (50:50, ácido lático: ácido glicólico) é relativamente hidrofílico e o polímero PLGA (85:15, ácido lático: ácido glicólico) é relativamente hidrofóbico.

Para além dos dois polímeros de PLGA, o polímero PLGA (100:0, ácido lático: ácido glicólico) ou PLA foi adicionado em experiências com animais para testar os perfis de resposta imunitária retardada. O polímero PLA é o polímero mais hidrofóbico dos três polímeros.

O ácido poliláctico (PLA) é um poliéster alifático. É obtido a partir de recursos renováveis, como o amido de milho, raízes de tapioca, chips ou amido ou cana-de-açúcar. Quando utilizado num sistema de administração de medicamentos, o PLA tem dois produtos diferentes: poli(L-lactido) e poli(DL-lactido). O poli (DL-lactido) é o polímero que planeámos utilizar. Provém da polimerização de uma mistura racémica de L-lactídeos e D-lactídeos e o tempo aproximado de reabsorção *in vivo* é de 12 a 16 meses. A estrutura química do poli (DL-lactido) é apresentada abaixo.

O acetato de etilo é um líquido incolor com um odor doce caraterístico. É um solvente orgânico com a fórmula CH3-COO-CH2-CH3. Na experiência, utilizámos acetato de etilo, em vez de NMP, como solvente orgânico no sistema AdjuGel. A estrutura química do acetato de etilo é apresentada abaixo.

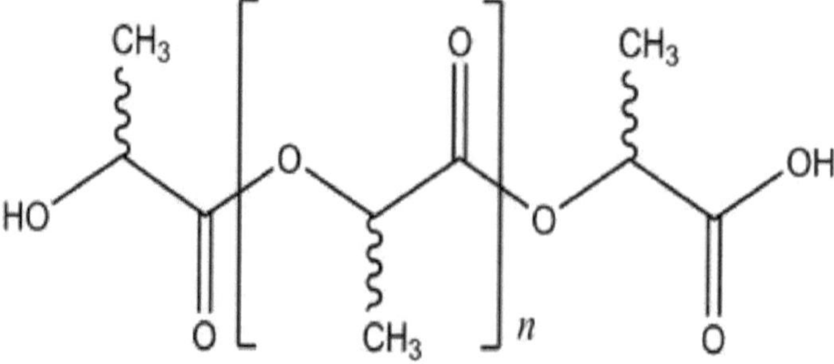

Figura 4-1. Estrutura química do poli (DL-lactido).

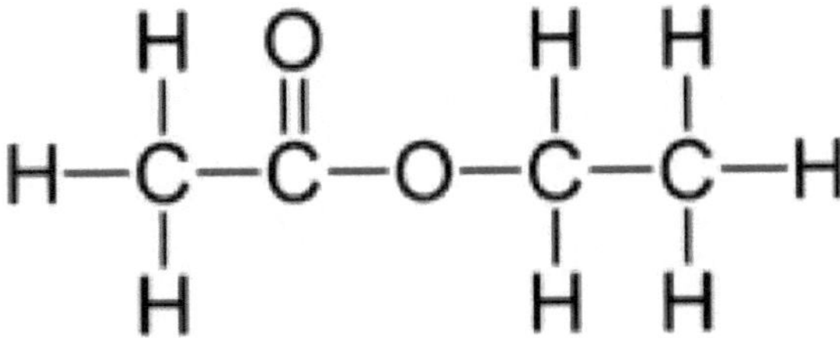

Figura 4-2. Estrutura química do acetato de etilo.

4.2.2. Métodos

Processo de formulação das vacinas (todas as etapas foram preparadas assepticamente): 1. Preparar três grupos de AdjuGels constituídos por uma mistura de PLGA ou PLA e uma combinação de acetato de etilo e ATBC a 50°C-55°C. 2. Pesou-se uma quantidade adequada de gel e transferiu-se para um frasco de vidro limpo e autoclavado. Pesou-se uma quantidade adequada de OVA e misturou-se com o gel, agitando-se a mistura resultante até se obter uma mistura uniforme de gel carregado com OVA. 3. Cada dose de gel carregado com OVA contém 100ug de OVA por 0,1ml de gel.

4.2.3. Estudos *in vitro*

Foram preparadas duas formulações de gel de vacina para o estudo de libertação *in vitro*. A formulação um utilizou 65% de acetato de etilo (solvente), 20% de PLGA (50:50, IV: 0,65), 15% de ATBC e 1mg/ml de ovalbumina liofilizada. Todas as proporções são de peso para peso. A formulação dois utilizou 65% de acetato de etilo (solvente), 20% de PLGA (85:15, IV: 0,65), 15% de ATBC e 1mg/ml de ovalbumina liofilizada. A única diferença entre as duas formulações são os polímeros. A formulação um utilizou um polímero relativamente hidrofílico e a formulação dois utilizou um polímero relativamente hidrofóbico.

Foram colocados 0,5 ml de cada gel de vacina (formulação um e dois) num frasco e, em seguida, foram adicionados 3,0 ml de PBS (pH 7,4, 0,01 M). Os frascos de amostras foram mantidos num agitador a 37°C a 60 rpm. Às 24 horas e, depois, em intervalos de dois dias e uma semana, foram recolhidos 2,0 ml de amostra de PBS e analisados quanto à concentração de ovalbumina e ATBC com o método de imunoensaio enzimático (EIA) e HPLC. Foram adicionados 2,0 ml de PBS fresco após cada recolha. Os perfis de libertação foram calculados através da libertação cumulativa com o tempo de incubação.

4.2.3.1. Desenvolvimento de um método analítico para o OVA (EIA)

As placas de microtitulação de 96 poços (placas de alta ligação proteica da Costar) foram revestidas durante a noite com 100 μl de soluções padrão de ovalbumina e amostras para teste a 4 °C. Para remover a OVA não ligada, as placas foram lavadas três vezes com PBS (pH 7,4) contendo 0,05% de Tween 20 (PBST). O anticorpo primário de coelho foi diluído em PBST e carregado nas placas com 100 µL/well. As placas foram então incubadas durante duas horas à temperatura ambiente. As placas foram novamente lavadas três vezes com PBST, seguido da adição de 100 µL de PBST contendo IgG de cabra anti-coelho conjugada com peroxidase de rábano (HRP) (diluída 1: 4000) (Abcam, ab6721). Após um período de incubação de duas horas à temperatura ambiente, as placas foram lavadas três vezes com PBST, seguidas da adição de 200 µL de 0,4 mg/ml de substrato de peroxidase OPD (Sigma P9187, Sigma-Aldrich, St. Louis, MO) e deixadas a reagir durante 30 minutos à temperatura ambiente. A densidade ótica (DO) da reação foi medida a 450 nm utilizando um leitor de placas. As concentrações de OVA da amostra foram calculadas de acordo com a curva padrão.

4.2.3.2. Desenvolvimento de um método analítico para o ATBC (HPLC)

O ATBC foi analisado por fase reversa (RP)-HPLC utilizando uma coluna C18, 150 mm × 4,60 mm (SGE Analytical Science. Part No. 250112). A fase móvel foi uma mistura 7:3 de acetonitrilo (grau HPLC) e água (grau HPLC). A taxa de fluxo foi fixada em 1 ml/min e o volume do injetor em 50 µm. A absorvância UV foi medida a 234 nm utilizando um detetor de matriz de fotodíodos equipado com o sistema de cromatografia líquida de alta eficiência (HPLC). Os resultados foram calculados com base nas leituras de uma série padrão de ATBC.

4.2.4. Estudos *in vivo*

4.2.4.1. Imunização dos animais

Para todas as experiências de imunização, a proteína OVA liofilizada foi dissolvida em tampão PBS ou foi suspensa em diferentes sistemas AdjuGel com acetato de etilo de solvente orgânico imediatamente antes da injeção para obter uma concentração de 1mg/ml. Todos os ratinhos receberam uma única inoculação S.C. no local do pescoço no dia 0.

Tabela 4-1. Atribuição do grupo experimental.

Grupo	Tratamento	Número de rato	Descrição
1	Controlo	5	Injeção s.c. com tampão PBS e OVA
2	AdjuGel 1 +OVA	5	Injeção s.c. com AdjuGel 1 e OVA
3	AdjuGel 2 +OVA	5	Injeção s.c. com AdjuGel 2 e OVA
4	AdjuGel 3 +OVA	5	Injeção S.C. com AdjuGel 3 e OVA

Ovalbumina é 50ug por injeção. O volume é de 50ul por injeção.

AdjuGel 1: acetato de etilo (65%, w/w), ATBC (15%, w/w) e PLGA (50:50; IV: 0,65).

AdjuGel 2: acetato de etilo (65%, w/w), ATBC (15%, w/w) e PLGA (85:15; IV: 0,65).

AdjuGel 3: acetato de etilo (65%, w/w), ATBC (15%, w/w) e poli (DL-lactido) (IV: 0,65).

A concentração de PLGA no AdjuGel 1, AdjuGel 2 e AdjuGel 3 é de 20% (w/w).

4.2.4.2. Procedimentos

Todos os grupos foram inoculados S. C. uma vez no dia 0 e foram colhidas amostras de sangue de 2 em 2 semanas nas primeiras 12 semanas e, posteriormente, de 3 em 3 ou de 4 em 4 semanas. As amostras de sangue foram diluídas em série com 0,05% de Tween 20 em PBS: 1:100, 1:1.000, 1:10.000 e 1:100.000. Os títulos de IgG foram verificados por ELISA (Enzyme-Linked Immunosorbant Assay); utilizar Log10EC50 como medida da resposta imunitária. EC50 significa meia concentração máxima efectiva e a absorvância da diluição 1:100 foi utilizada como máxima.

4.2.5. Ensaio de imunoabsorção enzimática (ELISA)

Placas de microtitulação de 96 poços (placas de ligação de alta proteína da Costar) foram revestidas durante a noite com 100 µl de solução de revestimento contendo 3 µg/mL de ovalbumina (OVA) a 4 °C. Para remover a OVA não ligada, as placas foram lavadas três vezes com PBS (pH 7,4) contendo 0,05% de Tween 20 (PBST). As amostras de soro (100 µL/poço) de ratos individuais foram diluídas em série em PBST: 1: 100, 1: 1,000, 1: 10,000 e 1: 100,000. As placas foram então incubadas durante duas horas à temperatura ambiente. As placas foram novamente lavadas três vezes com PBST, seguindo-se a adição de 100 µL de PBST contendo IgG de cabra anti-rato conjugada com peroxidase de rábano (HRP) (diluída a 1:4000) (Abcam, ab6789). Após um período de incubação de duas horas à temperatura ambiente, as placas foram lavadas três vezes com PBST, seguidas da adição de 200 µL de 0,4 mg/ml de substrato de peroxidase OPD (Sigma P9187, Sigma-Aldrich, St. Louis, MO) e deixadas a reagir durante 30 minutos à temperatura ambiente. A densidade ótica (DO) da reação foi medida a 450 nm utilizando um leitor de placas. O software BioDataFit foi aplicado para tratar os dados através do modelo de quatro parâmetros. Os títulos do soro são apresentados como Log10EC50.

4.2.6. Análise estatística

Os resultados são expressos como média ± S.D. A análise estatística foi efectuada para a análise das diferenças entre as médias dos títulos de anticorpos séricos, utilizando o *teste t* de Student com duas margens. As diferenças entre as médias foram aceites como significativas se *o valor de P* fosse inferior a 0,05.

4.3. Resultados

4.3.1. Libertação *in vitro* - Ovalbumina

O estudo da libertação *in vitro* de OVA mostrou que os dois grupos AdjuGel podiam proporcionar uma libertação contínua e sustentada de OVA. Nos grupos de PLGA (50:50, IV: 0,65), o OVA pôde ser libertado até oito semanas; nos grupos de PLGA (85:15, IV: 0,65), o OVA pôde ser libertado até catorze semanas. O polímero PLGA relativamente hidrofóbico (85:15) pode diminuir a taxa de libertação inicial de OVA e prolongar todo o período de libertação de OVA. O polímero PLGA relativamente hidrofóbico aumentou a hidrofobicidade do sistema AdjuGel, o que, por sua vez, diminui a penetração do tampão PBS no gel e reduz a taxa de libertação de OVA.

Não se verificam libertações explosivas nos dois grupos. No dia 4, apenas 10% da ovalbumina total foi libertada na formulação um. Num estudo anterior, 24% da ovalbumina total foi libertada no dia 3 com uma formulação semelhante, mas utilizando NMP como solvente. Também no dia 4, apenas 6% da ovalbumina total foi libertada na formulação dois. Mas no estudo anterior, 14% da ovalbumina total foi libertada no dia 3 com a formulação simailar mas utilizando NMP como solvente.

Tabela 4-2. Dados da libertação cumulativa de OVA *in vitro* com dois grupos

	G1(PLGA (50:50)	**G2(PLGA(85:15)**
Dia 0	0±0	0±0
Dia 1	0.06±0.004	0.02±0.007
Dia 4	0.1±0.008	0.06±0.006
Semana 1	0.13±0.007	0.08±0.016
semana 2	0.19±0.009	0.11±0.007
semana 3	0.26±0.009	0.14±0.012
semana 4	0.32±0.008	0.18±0.025
semana 5	0.48±0.023	0.22±0.023
semana 6	0.71±0.053	0.3±0.036
semana 7	0.87±0.027	0.38±0.026
semana 8	1±0.039	0.5±0.018
semana 9		0.63±0.021
semana 10		0.75±0.016

semana 11	0.82±0.002
semana 12	0.91±0.012
semana 13	0.99±0.046
semana 14	1±0.007

G1: 65% de acetato de etilo (solvente), 20% de PLGA (50:50, IV: 0,65), 15% de ATBC e 1mg/ml de ovalbumina liofilizada; G2: 65% de acetato de etilo (solvente), 20% de PLGA (85:15, IV: 0,65), 15% de ATBC e 1mg/ml de ovalbumina liofilizada. Todos os rácios são de peso para peso. (Média ± S. D.)

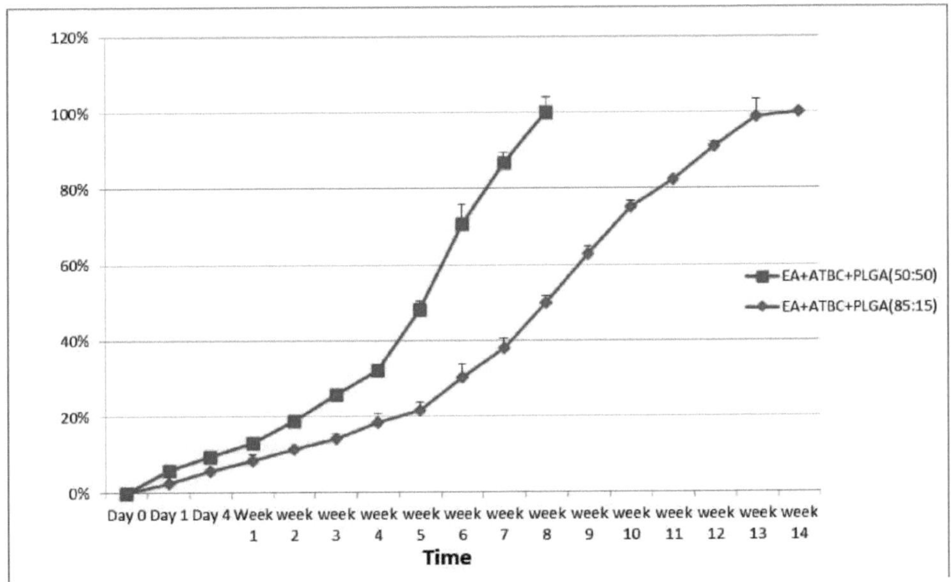

Figura 4-3. Estudo *in vitro* de libertação cumulativa de OVA com dois grupos: grupo 1: 65% de acetato de etilo (solvente), 20% de PLGA (50:50, IV: 0,65), 15% de ATBC e 1mg/ml de ovalbumina liofilizada; grupo 2: 65% de acetato de etilo (solvente), 20% de PLGA (85:15, IV: 0,65), 15% de ATBC e 1mg/ml de ovalbumina liofilizada. Todos os rácios são de peso para peso.

4.2.2. Libertação *in vitro* - ATBC

O estudo da libertação *in vitro* de ATBC mostrou que os dois grupos podiam proporcionar uma libertação retardada de ATBC. No grupo de PLGA (50:50), o ATBC não seria libertado de forma significativa até à sexta semana; nos grupos de PLGA (85:15), o ATBC não seria libertado de forma significativa até à décima terceira semana.

4.2.3. Estudo *in vivo*

Após a injeção S.C. nos locais do pescoço, não foram detectadas lesões cutâneas em todos os ratinhos. Mas dois ratinhos apresentaram queda de cabelo nos locais de injeção no grupo 2 (grupo AdjuGel 1). Não é claro o que causou a queda de cabelo, mas a rápida libertação de acetato de etilo pelo grupo AdjuGel 1 que continha PLGA relativamente hidrofílico (50:50) pode provavelmente estar relacionada com o problema. A queda de cabelo foi completamente recuperada em três semanas sem tratamento.

Tabela 4-3. Dados da libertação cumulativa de ATBC *in vitro* com dois grupos.

	G1(PLGA (50:50)	**G2(PLGA(85:15)**
Dia 0	0±0	0±0
Dia 1	0.0128±0.0145	0.0005±0.0006
Dia 4	0.0131±0.0001	0.0016±0.0005
Semana 1	0.0137±0.0002	0.0018±0.000035
semana 2	0.0149±0.0011	0.0019±0.00003
semana 3	0.0151±0.0002	0.0021±0.00002
semana 4	0.0164±0.0002	0.0023±0.0001
semana 5	0.0167±0.00026	0.0025±0.0001
semana 6	0.0925±0.0587	0.0027±0.00008
semana 7	0.5774±0.164	0.0029±0.00009
semana 8	1±0.07	0.0031±0.0001
semana 9		0.0032±0.00005
semana 10		0.0034±0.00001
semana 11		0.0036±0.00005
semana 12		0.0039±0.0002
semana 13		0.2582±0.145
semana 14		1±0.169

G1: 65% de acetato de etilo (solvente), 20% de PLGA (50:50, IV: 0,65), 15% de ATBC e 1mg/ml de ovalbumina liofilizada; G2: 65% de acetato de etilo (solvente), 20% de PLGA (85:15, IV: 0,65), 15% de ATBC e 1mg/ml de ovalbumina liofilizada. Todos os rácios são de peso para peso. (Média ± S.

D.)

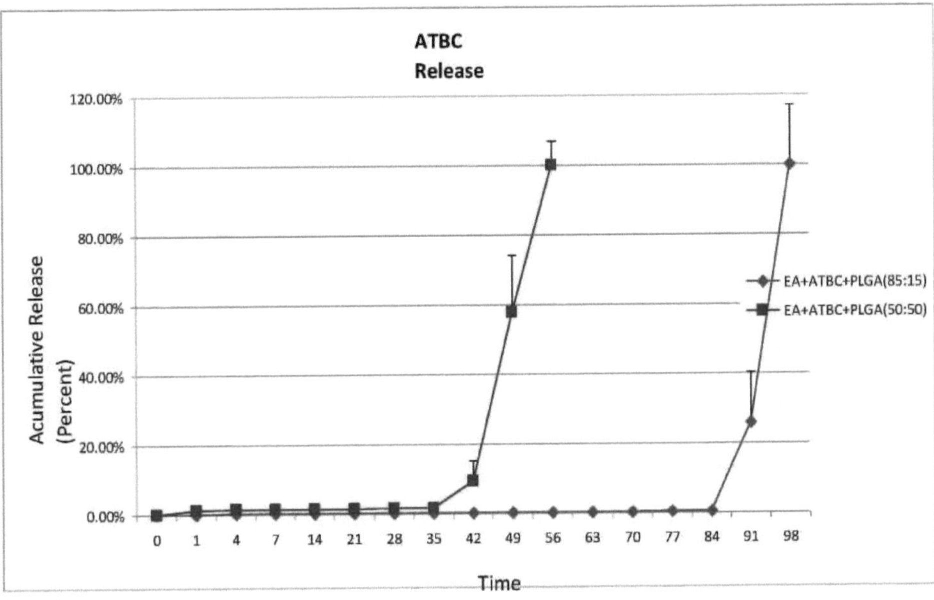

Figura 4-4. Estudo *in vitro* de libertação cumulativa de ATBC com dois grupos: grupo 1: 65% de acetato de etilo (solvente), 20% de PLGA (50:50, IV: 0,65), 15% de ATBC e 1mg/ml de ovalbumina liofilizada; grupo 2: 65% de acetato de etilo (solvente), 20% de PLGA (85:15, IV: 0,65), 15% de ATBC e 1mg/ml de ovalbumina liofilizada. Todos os rácios são de peso para peso.

Tabela 4-4. Os resultados dos títulos de anticorpos IgG anti-OVA no soro para os grupos 1, 2, 3 e 4 em diferentes momentos do Dia 0, semana 2, 4, 6, 8, 10, 12, 15, 18 e 22.

	Gl	**G2**	**G3**	**G4**
Dia 0	0±0	0±0	0±0	0±0
2 semanas	0.14±0.01	0.96±0.21	0.19±0.05	0.25±0.05
4 semanas	0.11±0.01	1.82±0.1	0.31±0.14	0.66±0.22
6 semanas	0.16±0.04	1.69±0.17	0.63±0.51	0.17±0.64
8 semanas	0.13±0.01	2.13±0.1	1.79±0.42	0.8±0.37
10 semanas	0.15±0.04	2.41±0.15	1.24±0.41	0.7±0.34
12 semanas	0.2±0.02	2.3±0.11	1.44±0.63	1.9±0.1
15 semanas	0.23±0.03	1.46±0.26	1.01±0.45	1±0.06
18 semanas	0.21±0.08	1.88±0.19	1.33±0.5	1.51±0.27
22 semanas	0.15±0.03	1.4±0.13	1.15±0.22	1.35±0.23
Valor P		0.005*	0.001**	0.001***

Os títulos séricos de IgG total anti-OVA foram registados com Logl0EC50 e os resultados foram expressos como Média ± S.D.

Valores de p (*G2 vs. G1 com resultados de 2 semanas; ** G3 vs. G1 com resultados de 8 semanas; *** G4 vs. G1 com resultados de 12 semanas)

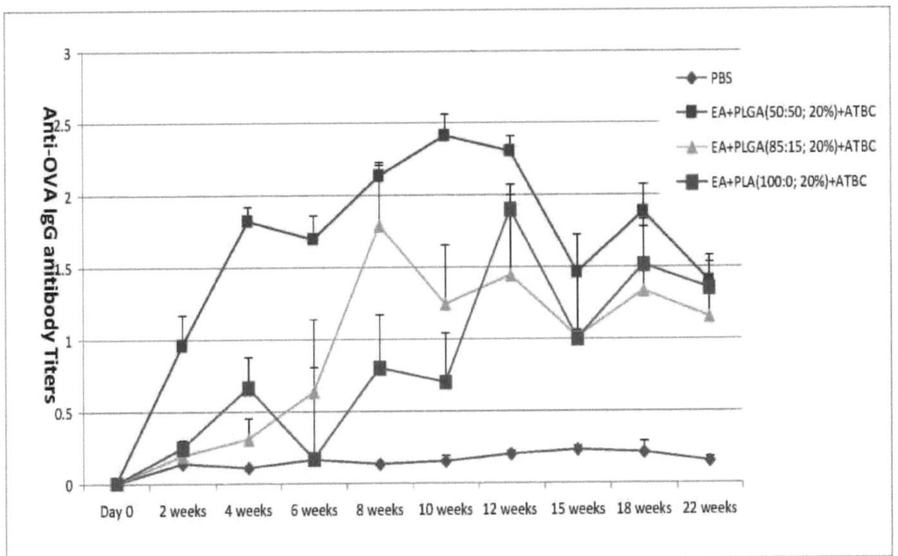

Figura 4-5. Títulos de anticorpos IgG anti-OVA no soro de ratinhos. Grupo 1, injeção S.C. com tampão PBS e OVA; Grupo 2, injeção S.C. com sistema AdjuGel contendo acetato de etilo (65%, p/p), ATBC (15%, p/p), PLGA (50:50; IV: 0,65)(20%, p/p) e OVA; Grupo 3, injeção S.C. injeção com o sistema AdjuGel que contém acetato de etilo (65%, p/p), ATBC (15%, p/p), PLGA (85:15; IV: 0,65)(20%, p/p) e OVA; Grupo 4, injeção S.C. com o sistema AdjuGel que contém acetato de etilo (65%, p/p), ATBC (15%, p/p), poli DL-lactídeo (IV: 0,65)(20%, p/p) e OVA.

Nesta experiência, foram testados três grupos diferentes de AdjuGel. Têm uma formulação semelhante, 65% de acetato de etilo (solvente), 20% de polímero, 15% de ATBC e 1mg/ml de ovalbumina liofilizada. A única diferença é o tipo de polímero.

No grupo do AdjuGel 1, foi utilizado o polímero relativamente hidrofílico PLGA (50:50), que se degradou rapidamente e estimulou imediatamente uma resposta imunitária. A análise estatística mostrou que os títulos de anticorpos do AdjuGel 1 são significativamente mais elevados do que os títulos de anticorpos do grupo de controlo 1 nos pontos temporais da semana 2 à semana 22 ($P < 0,01$).

No grupo do AdjuGel 2, foi utilizado o polímero relativamente hidrofóbico PLGA (85:15), que se degradou lentamente e estimulou uma resposta imunitária retardada na semana 8. A análise estatística demonstrou que os títulos de anticorpos do AdjuGel 2 não apresentam diferenças significativas em comparação com os títulos de anticorpos do grupo de controlo 1 nos pontos temporais do dia 0 à semana 6 ($P > 0,05$). Até à semana 8, o grupo do AdjuGel 2 estimulou uma forte resposta imunitária. A análise estatística mostrou que os títulos de anticorpos do AdjuGel 2 são significativamente mais elevados do que os títulos de anticorpos do grupo de controlo 1 nos pontos temporais da semana 8 à semana 22 ($P < 0,01$).

No grupo do AdjuGel 3, foi utilizado o polímero mais hidrofóbico, o poli DL-lactido, que se degrada muito lentamente e cujo tempo aproximado de degradação *in vivo* é de 12 a 16 meses. Consequentemente, o grupo AdjuGel 3 estimulou uma resposta imunitária retardada na semana 12. A análise estatística mostrou que os títulos de anticorpos do AdjuGel 3 não apresentam diferenças significativas em comparação com os títulos de anticorpos do grupo de controlo 1 nos pontos temporais do dia 0 à semana 6 ($P > 0,05$). Nas semanas 8 e 10, embora exista uma diferença significativa entre os títulos de anticorpos do AdjuGel 3 e os títulos de anticorpos do grupo de controlo 1, os valores dos títulos de anticorpos do AdjuGel 3 são inferiores a 1 (0,7 e 0,8). Até à semana 12, o grupo do AdjuGel 3 estimulou uma forte resposta imunitária. A análise estatística mostrou que os títulos de anticorpos do AdjuGel 3 são significativamente mais elevados do que os títulos de anticorpos do grupo de controlo 1 nos pontos temporais da semana 12 à semana 22 ($P <0,01$).

4.4. Discussão

Há muito tempo que se estudam novos adjuvantes de vacinas ou sistemas de administração de vacinas de dose única. Embora se considere que a libertação controlada é fundamental para as vacinas de dose única, a correlação entre os padrões de libertação controlada e a resposta imunitária não é clara. Para a libertação retardada de antigénios, foi utilizada uma estratégia como a das proteínas antigénicas microencapsuladas em PLGA. Sanchez et al. referiram que o toxoide tetânico (TT) microencapsulado em PLGA foi programado para ser libertado em dois momentos diferentes (3 e 7 semanas) *in vitro*[47]. No entanto, não foram publicados dados *in vivo* bem sucedidos sobre a resposta imunitária retardada, o que se deve provavelmente ao facto de a libertação retardada de proteínas antigénicas não ser suficientemente boa para estimular uma resposta imunitária adaptativa *in vivo*.

Neste caso, utilizámos uma estratégia diferente para atingir o objetivo da resposta imunitária retardada. Não nos concentrámos apenas na libertação controlada do antigénio, mas também na degradação e interação do polímero e do surfactante para atrasar o início da adjuvância no sistema AdjuGel. Em primeiro lugar, verificou-se que a combinação do polímero hidrofóbico PLGA e do plastificante ATBC (sistema AdjuGel) era capaz de induzir uma forte resposta imunitária. Após vários estudos sobre as funções dos componentes individuais (solvente, polímero e plastificante), é evidente que só a combinação do polímero hidrofóbico PLGA e do plastificante ATBC pode mostrar uma adjuvância eficaz, não podendo qualquer componente individual induzir uma resposta eficaz. A combinação de polímero hidrofóbico PLGA e plastificante ATBC é semelhante aos adjuvantes clássicos de vacinas à base de óleo, que requerem a combinação de tensioactivos e óleo. Comparando os dois tipos de adjuvantes de vacinas e os seus modos de ação, levantamos a hipótese de que a degradação do polímero pode ser um pré-requisito crítico para a adjuvanticidade do sistema AdjuGel.

Em seguida, realizámos uma experiência animal sem sucesso que não revelou qualquer resposta imunitária retardada. A partir da experiência falhada, ficámos a saber que não só o polímero PLGA e o ATBC, mas também o solvente determinam a taxa de degradação do polímero *in vivo*. O solvente orgânico NMP pode acelerar a degradação do polímero PLGA por duas possibilidades: uma é que a irritação do NMP causa a inflamação local, que por sua vez estimula a imunidade inata; outra é que a hidrofilicidade do NMP aumenta a penetração do não-solvente (água), o que também acelera a degradação do PLGA. Mais tarde, depois de analisar e avaliar os solventes orgânicos disponíveis, escolhemos o acetato de etilo para substituir o NMP. O solvente orgânico acetato de etilo é muito menos irritante e mais hidrofóbico do que o NMP. Finalmente, a nova formulação mostrou respostas imunitárias retardadas ajustáveis, o que é compatível com as taxas de degradação de vários polímeros. Estes resultados demonstraram que a nossa nova estratégia funcionou muito bem para o desenvolvimento de uma nova formulação de vacina com resposta imunitária retardada ajustável.

Existem outras vantagens para a nova formulação da vacina. Na nova formulação, utilizámos proteínas de antigénio liofilizadas. As proteínas liofilizadas são muito estáveis na solução de gel de acetato de etilo, PLGA e ATBC porque não se podem dissolver na solução de gel e são mantidas no estado sólido. Ao mesmo tempo, a solução de gel impede o contacto da proteína com o meio aquoso. Assim, a nova formulação de vacina pode ser utilizada para a preparação de vacinas que não necessitam de refrigeração. As vacinas termoestáveis reduzirão drasticamente o custo da cadeia de frio, que consome cerca de 80% do custo total dos programas de vacinação[57].

Outra vantagem é que a nova formulação da vacina pode conter múltiplos antigénios da vacina. As proteínas do antigénio estão suspensas no sistema AdjuGel, mas não estão conjugadas ou ligadas ao polímero. Assim, as partículas sólidas das proteínas do antigénio serão separadas e não se afectarão mutuamente. Desta forma, o sistema AdjuGel pode ajudar a preparar vacinas polivalentes como a vacina MMR, que imuniza contra três vírus - os vírus que causam o sarampo, a papeira e a rubéola. As vacinas polivalentes podem reduzir os custos das vacinas profilácticas. Além disso, as vacinas polivalentes podem ser mais eficazes para as vacinas terapêuticas, como a vacina contra os anticoncepcionais e a vacina contra o cancro.

4.5. Conclusão

Os nossos dados acima indicaram que: 1. O solvente orgânico acetato de etilo foi muito menos tóxico para os ratos após injeção subcutânea do que o NMP. 2. O grupo AdjuGel 1, composto por acetato de etilo, ATBC e PLGA (50:50, IV:0,65) estimulou uma resposta imunitária rápida após uma única injeção subcutânea. 3. O grupo AdjuGel 2, composto por acetato de etilo, ATBC e PLGA (85:15, IV: 0,65) estimulou uma resposta imunitária retardada na semana 8 após uma única injeção subcutânea.

4. O grupo AdjuGel 3, composto por acetato de etilo, ATBC e poli DL-lactido (IV: 0,65) estimulou uma resposta imunitária retardada na semana 12 após uma única injeção subcutânea. 5. O período de atraso da resposta imunitária era ajustável, o que estava relacionado com as taxas de degradação dos polímeros. Quanto mais baixa for a taxa de degradação do polímero, mais longo será o período de atraso da resposta imunitária.

CAPÍTULO 5. DESENVOLVIMENTO DE UMA VACINA DE DOSE ÚNICA COM O SISTEMA ADJUGEL

5.1. Introdução

Após a preparação das novas formulações de vacinas com resposta imunitária retardada ajustável da secção anterior, foi possível desenvolver uma vacina de dose única através de duas inoculações separadas e simultâneas. Uma delas utilizou a formulação do grupo AdjuGel 1 (ver a última experiência com ratos), que pode proporcionar uma resposta primária ou imediata; a outra utilizou a formulação do grupo AdjuGel 2 (ver a última experiência com ratos), que proporcionará uma resposta de reforço ou retardada. Partimos do princípio de que duas inoculações simultâneas e separadas podem imitar duas injecções sequenciais que produzem uma resposta primária e uma resposta de reforço claras

5.2. Procedimentos experimentais

5.2.1. Materiais

Vinte ratinhos fêmeas ICR (6-8 semanas) foram encomendados à Harlan Laboratories. O polímero biodegradável PLGA foi encomendado à Lactel Absorbable Polymers, Durect Corporation, Pelham, AL, EUA. O acetato de etilo foi encomendado à Fisher Scientific; o citrato de acetiltributilo (ATBC) foi obtido da Morflex Inc, Greensboro, NC, EUA; a ovalbumina liofilizada (OVA) como antigénio foi adquirida à Sigma.

5.2.2. Imunização de animais

Para todas as experiências de imunização, a proteína OVA liofilizada foi suspensa em diferentes sistemas AdjuGel com acetato de etilo, solvente orgânico, imediatamente antes da injeção, para obter uma concentração de 1mg/ml. Os ratos do grupo 4 receberam duas inoculações simultâneas separadas: a inoculação um utilizou a formulação do grupo AdjuGel 1 (ver a última experiência com ratos) e foi injectada subcutaneamente no local do pescoço com 50 g de OVA por injeção de 50 ul; a inoculação dois utilizou a formulação do grupo AdjuGel 2 (ver a última experiência com ratos) e foi injectada subcutaneamente no local da parte inferior das costas com 50 g de OVA por injeção de 50 ul. Todos os outros ratinhos receberam uma única inoculação S.C. no local da área do pescoço com 50 g de OVA por injeção de 50 ul.

Tabela 5-1. Atribuição do grupo experimental.

Grupo	Tratamento	Número do rato	Descrição
1	Controlo	5	Injeção s.c. com tampão PBS e OVA
2	AdjuGel 1 + OVA	5	Injeção s.c. com AdjuGel 1 e OVA
3	AdjuGel 2 +OVA	5	Injeção S.C. com AdjuGel 2 e OVA
4	(AdjuGel 1 +OVA) Plus (AdjuGel 2 +OVA)	5	Injeção S.C. com (AdjuGel 1 +OVA) Mais (AdjuGel 2 +OVA)

A dose de ovalbumina é de 50ug por injeção. O volume é de 50ul por injeção.

AdjuGel 1: acetato de etilo (65%, w/w), ATBC (15%, w/w) e PLGA (50:50; IV: 0,65).

AdjuGel 2: acetato de etilo (65%, w/w), ATBC (15%, w/w) e PLGA (85:15; IV: 0,65).

A concentração de PLGA no AdjuGel 1 e no AdjuGel 2 é de 20% (w/w).

5.2.3. Procedimentos

Todos os grupos foram inoculados S. C. uma vez no dia 0 e foram colhidas amostras de sangue de 2 em 2 semanas nas primeiras 12 semanas e, posteriormente, de 3 em 3 ou de 4 em 4 semanas.

As amostras de sangue foram diluídas em série com 0,05% de Tween 20 em PBS: 1:100, 1:1.000, 1:10.000 e 1:100.000.

Os títulos de IgG foram verificados por ELISA (Enzyme-Linked Immunosorbant Assay); utilizar Log10EC50 como medida da resposta imunitária.

EC50 significa meia concentração máxima efectiva e a absorvância da diluição 1:100 foi utilizada como máxima.

5.2.4. Ensaio de imunoabsorção enzimática (ELISA)

Placas de microtitulação de 96 poços (placas de ligação de alta proteína da Costar) foram revestidas durante a noite com 100 µl de solução de revestimento contendo 3 µg/mL de ovalbumina (OVA) a 4 °C. Para remover a OVA não ligada, as placas foram lavadas três vezes com PBS (pH 7,4) contendo 0,05% de Tween 20 (PBST). As amostras de soro (100 µL/poço) de ratos individuais foram diluídas em série em PBST: 1: 100, 1: 1,000, 1: 10,000 e 1: 100,000. As placas foram então incubadas durante duas horas à temperatura ambiente. As placas foram novamente lavadas três vezes com PBST, seguindo-se a adição de 100 μL de PBST contendo IgG de cabra anti-rato conjugada com peroxidase de rábano (HRP) (diluída a 1:4000) (Abcam, ab6789). Após um período de incubação de duas horas à temperatura ambiente, as placas foram lavadas três vezes com PBST, seguidas da adição de 200 μL de 0,4 mg/ml de substrato de peroxidase OPD (Sigma P9187, Sigma-Aldrich, St. Louis, MO) e deixadas a reagir durante 30 minutos à temperatura ambiente. A densidade ótica (DO) da reação foi medida a 450 nm utilizando um leitor de placas. O software BioDataFit foi aplicado para tratar os dados através do modelo de quatro parâmetros. Os títulos do soro são apresentados como Log10EC50.

5.2.5. Análise estatística

Os resultados são expressos como média ± S.D. A análise estatística foi efectuada para a análise das diferenças entre as médias dos títulos de anticorpos séricos, utilizando o *teste t* de Student com duas margens. As diferenças entre as médias foram aceites como significativas se *o valor de P* fosse inferior a 0,05.

5.3. Resultados

Após a injeção S.C., alguns ratos do grupo 4 apresentaram lesões cutâneas ligeiras a moderadas (reação inflamatória local nos locais de injeção). A razão não é muito clara. Pode estar relacionada com uma dose excessiva de acetato de etilo ou com os efeitos conjuntos de duas inoculações simultâneas separadas. As lesões cutâneas foram recuperadas no prazo de três semanas após o tratamento com pomada antibiótica.

Tabela 5-2. Os resultados dos títulos de anticorpos IgG anti-OVA no soro para os grupos 1, 2, 3 e 4 em diferentes momentos do Dia 0, semana 2, 4, 6, 8, 10, 12, 15, 18 e 22.

	Gl	G2	G3	G4
Dia 0	0±0	0±0	0±0	0±0
2 semanas	0.14±0.01	0.96±0.21	0.19±0.05	1.07±0.15
4 semanas	0.11±0.01	1.82±0.1	0.31±0.14	2.15±0.53
6 semanas	0.16±0.04	1.69±0.17	0.63±0.51	2.18±0.15
8 semanas	0.13±0.01	2.13±0.1	1.79±0.42	1.94±0.34
10 semanas	0.15±0.04	2.41±0.15	1.24±0.41	1.98±0.18
12 semanas	0.2±0.02	2.3±0.11	1.44±0.63	2.44±0.24
15 semanas	0.23±0.03	1.46±0.26	1.01±0.45	1.68±0.08

18 semanas	0.21±0.08	1.88±0.19	1.33±0.5	
22 semanas	0.15±0.03	1.4±0.13	1.15±0.22	
Valor P				
(12 semanas)				0.30*

Os títulos séricos de IgG anti-OVA foram registados com Log10EC50 e os resultados foram expressos como Média ± S.D.

Valor de p com resultados de 12 semanas (* G4 vs. G2)

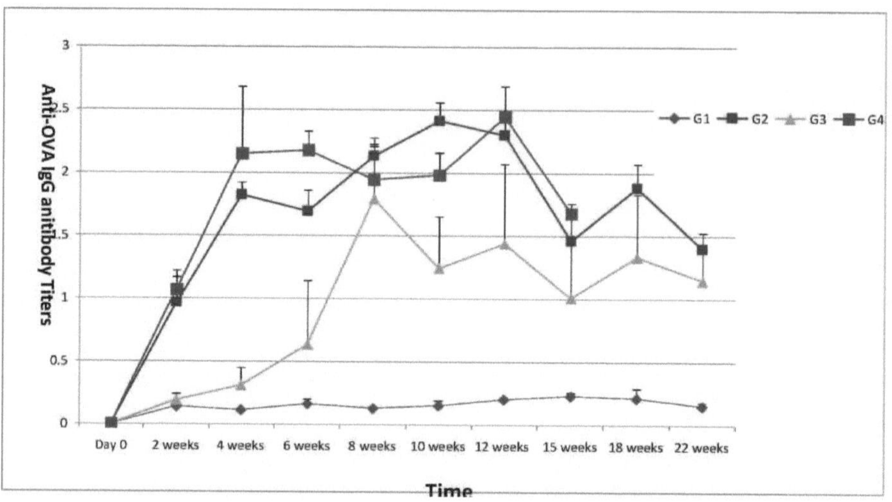

Figura 5-1. Títulos de anticorpos IgG anti-OVA no soro de ratinhos. Grupo 1, injeção S.C. com tampão PBS e OVA; Grupo 2, injeção S.C. com sistema AdjuGel contendo acetato de etilo (65%, p/p), ATBC (15%, p/p), PLGA (50:50; IV: 0,65)(20%, p/p) e OVA; Grupo 3, injeção S.C. injeção com o sistema AdjuGel que contém acetato de etilo (65%, p/p), ATBC (15%, p/p), PLGA (85:15; IV: 0,65)(20%, p/p) e OVA; Grupo 4, injeção S.C. com o Grupo 2 e o Grupo 3 simultaneamente, um no local da área do pescoço e outro no local da região lombar.

Após duas inoculações simultâneas, o grupo 4 mostrou uma resposta imunitária rápida e forte e pareceu mostrar uma resposta de reforço na semana 12. No entanto, o nível de resposta imunitária não teve uma diferença significativa em relação ao nível de resposta imunitária do grupo 2 (grupo de controlo) ($P > 0,05$), o que significa que a resposta de reforço não foi confirmada.

5.4. Discussão

Esta experiência não demonstrou claramente a existência de dois picos com as respectivas respostas "prime" e "booster". Existem várias possibilidades para explicar este fenómeno. Em primeiro lugar, as duas inoculações simultâneas podem afetar-se mutuamente e a resposta imediata pode ter inibido a resposta de reforço. Em segundo lugar, a estimulação primária pode ser demasiado forte, o que pode ter coberto a resposta de reforço da formulação do AdjuGel 2. É necessário um estudo mais aprofundado para a otimização das formulações através da conceção do início da resposta imunitária retardada e para encontrar a melhor combinação de diferentes formulações de AdjuGel. Também poderiam ser adicionados outros imunopotenciadores ao AdjuGel para obter melhores resultados.

5.5. Conclusão

Duas inoculações simultâneas induziram uma resposta imunitária rápida e forte na semana 4, mas uma resposta de reforço equívoca na semana 12. É necessária uma maior otimização das formulações AdjuGel para o desenvolvimento de uma vacina de dose única.

RESUMO DA INVESTIGAÇÃO

Foi desenvolvido um novo adjuvante ou sistema de administração de vacinas, denominado sistema AdjuGel, para vacinas de dose única com as caraterísticas de uma resposta imunitária retardada ajustável.

As formulações para vacinas de dose única têm sido estudadas desde há muito tempo. No entanto, até à data, não foi desenvolvida nenhuma formulação ou mecanismo de sucesso. Concebemos novas formulações de adjuvantes de vacinas centrando-nos na resposta imunitária de reforço. Com base no sistema de Implante In Situ (ISI), o sistema AdjuGel foi concebido como uma nova formulação de adjuvante de vacina, composta por solvente orgânico NMP, plastificante hidrofóbico ATBC e polímero PLGA. Após estudos em experiências com animais, confirmou-se que o plastificante hidrofóbico ATBC e o polímero PLGA eram os dois componentes-chave para respostas imunitárias eficazes no sistema AdjuGel.

As formulações à base de óleo são provavelmente as formulações mais clássicas em adjuvantes de vacinas. Existem também dois componentes-chave nas formulações de adjuvantes de vacinas à base de óleo, o óleo hidrofóbico e o tensioativo. Quando se comparou o sistema adjuGel com o adjuvante de vacina à base de óleo, estes apresentaram um modo de ação semelhante: a combinação de dois componentes-chave é necessária para a imunogenicidade. Uma vez que o plastificante hidrofóbico ATBC é um óleo, pensámos que o polímero PLGA não só actuava como um polímero de elevado peso molecular para a libertação sustentada, como também actuava como um surfactante no sistema AdjuGel. No entanto, o polímero hidrofóbico PLGA com elevado peso molecular não actua como surfactante antes da sua degradação. Após um período de tempo de degradação, as cadeias poliméricas longas degradar-se-ão em cadeias mais curtas. Consequentemente, a redução do peso molecular produz um aumento da hidrofilicidade. Quando o equilíbrio hidrofílico e lipofílico (HLB) das cadeias poliméricas atinge um intervalo adequado, o polímero hidrofóbico PLGA ou PLA apresenta as caraterísticas dos tensioactivos, o que, por sua vez, pode alterar o sistema AdjuGel, tornando-o mais semelhante ao adjuvante clássico de vacinas à base de óleo e induzindo uma resposta imunitária.

Com base na hipótese acima, o sistema AdjuGel, composto por NMP, ATBC e PLGA, foi testado numa experiência com animais. Os resultados não mostraram qualquer resposta imunitária retardada, apenas mostraram uma resposta imediata com inflamação local nos locais de injeção. Percebemos que provavelmente a irritação e a hidrofilicidade do NMP causaram a taxa de degradação acelerada e a resposta imediata.

Uma vez que o solvente orgânico acetato de etilo é menos irritante e mais hidrofóbico do que o NMP, foi escolhido para substituir o NMP. O novo sistema AdjuGel é um novo sistema composto por acetato de etilo, ATBC e PLGA. Mostrou uma libertação modificada dos componentes e respostas imunitárias retardadas ajustáveis, que são compatíveis com as taxas de degradação dos vários polímeros. Estes resultados confirmaram que a nossa nova estratégia pode funcionar para o desenvolvimento de formulações de vacinas de dose única.

LISTA DE REFERÊNCIAS

1. Wilson-Welder, J.H., et al., *Vaccine adjuvants: current challenges and future approaches.* J Pharm Sci, 2009. **98**(4): p. 1278-316.

2. Plotkin, S.A. e W.A. Orenstein, *Vaccines*. Fourth ed. 2004, Philadelphia: Elsevier Inc. 1662.

3. Freund J, C.J., Hosmer E, *Sensibilização e formação de anticorpos após injeção de bacilos da tuberculose e óleo de parafina.* Proc Soc Exp Biol Med, 1937. **37**: p. 509-13

4. Freund, J., *The effect of paraffin oil and mycobacteria on antibody formation and sensitization; a review.* Am J Clin Pathol, 1951. **21**(7): p. 645-56.

5. Herbert, W.J., *The mode of action of mineral-oil emulsion adjuvants on antibody production in mice (O modo de ação dos adjuvantes de emulsão de óleo mineral na produção de anticorpos em ratos).* Immunology, 1968. **14**(3): p. 301-18.

6. O'Hagan, D.T. e R. Rappuoli, *Novel approaches to vaccine delivery.* Pharm Res, 2004. **21**(9): p. 1519-30.

7. Brito, L.A., P. Malyala, e D.T. O'Hagan, *Vaccine adjuvant formulations: a pharmaceutical perspective.* Semin Immunol, 2013. **25**(2): p. 130-45.

8. Calabro, S., et al., *O efeito adjuvante de MF59 é devido à formulação de emulsão de óleo em água, nenhum dos componentes individuais induz um efeito adjuvante comparável.* Vaccine, 2013. **31**(33): p. 3363-9.

9. Preis, I. e R.S. Langer, *A single-step immunization by sustained antigen release.* J Immunol Methods, 1979. **28**(1-2): p. 193-7.

10. O'Hagan, D.T., et al., *Biodegradable microparticles as controlled release antigen delivery systems.* Immunology, 1991. **73**(2): p. 239-42.

11. Alonso, M.J., et al., *Biodegradable microspheres as controlled-release tetanus toxoid delivery systems.* Vaccine, 1994. **12**(4): p. 299-306.

12. Langer, R., J.L. Cleland, e J. Hanes, *New advances in microsphere-based single-dose vaccines.* Adv Drug Deliv Rev, 1997. **28**(1): p. 97-119.

13. Gupta, R.K., A.C. Chang, e G.R. Siber, *Biodegradable polymer microspheres as vaccine adjuvants and delivery systems.* Dev Biol Stand, 1998. **92**: p. 63-78.

14. Jiang, W. e S.P. Schwendeman, *Estabilização de um modelo de antigénio proteico formalinizado encapsulado em microesferas à base de poli(lactido-co-glicolido).* J Pharm Sci, 2001. **90**(10): p. 1558-69.

15. Cui, C., V.C. Stevens, e S.P. Schwendeman, *As microesferas de polímero injectáveis aumentam a imunogenicidade de uma vacina contra o péptido contracetivo.* Vaccine, 2007. **25**(3): p. 500-9.

16. Jiang, W., et al., *Biodegradable poly(lactic-co-glycolic acid) microparticles for injectable delivery of vaccine antigens.* Adv Drug Deliv Rev, 2005. **57**(3): p. 391410.

17. Oyewumi, M.O., A. Kumar, e Z. Cui, *Nano-micropartículas como adjuvantes imunitários: correlacionando tamanhos de partículas e as respostas imunitárias resultantes.* Expert Rev Vaccines, 2010. **9**(9): p. 1095-107.

18. Conway, M.A., et al., *Protection against Bordetella pertussis infection following parenteral or oral immunization with antigens aprisionadas em partículas biodegradáveis: effect of formulation and route of immunization on induction of Th1 and Th2 cells.* Vaccine, 2001. **19**(15-16): p. 1940-50.

19. Leong, K.W., et al., *Bioerodible polyanhydrides as drug-carrier matrices. II. Biocompatibilidade e reatividade química.* J Biomed Mater Res, 1986. **20**(1): p. 51-64.

20. Torres, M.P., et al., *Amphiphilic polyanhydrides for protein stabilization and release.* Biomaterials, 2007. **28**(1): p. 108-16.

21. Tabata, Y., S. Gutta, e R. Langer, *Controlled delivery systems for proteins using polyanhydride microspheres.* Pharm Res, 1993. **10**(4): p. 487-96.

22. Determan, A.S., et al., *Protein stability in the presence of polymer degradation products: consequences for controlled release formulations (Estabilidade das proteínas na presença de produtos de degradação de polímeros: consequências para formulações de libertação controlada).* Biomaterials, 2006. **27**(17): p. 3312-20.

23. Phanse, Y., et al., *Functionalization of polyanhydride microparticles with dimannose influences uptake by and intracellular fate within dendritic cells.* Ata Biomater, 2013. **9**(11): p. 8902-9.

24. Shu, Q., et al., *Effects of various adjuvants on efficacy of a vaccine against Streptococcus bovis and Lactobacillus spp in cattle (Efeitos de vários adjuvantes na eficácia de uma vacina contra Streptococcus bovis e Lactobacillus spp em bovinos).* Am J Vet Res, 2000. **61**(7): p. 839-43.

25. Amidi, M., et al., *Formulações em pó microparticulado contendo toxoide da difteria para vacinação pulmonar: preparação, caraterização e avaliação em cobaias.* Vaccine, 2007. **25**(37-38): p. 6818-29.

26. Heritage, P.L., et al., *Novel polymer-grafted starch microparticles for mucosal delivery of vaccines.* Immunology, 1996. **88**(1): p. 162-8.

27. Suckow, M.A., et al., *Imunização oral de coelhos contra Pasteurella multocida com um sistema de entrega de microesferas de alginato.* J Biomater Sci Polym Ed, 1996. **8**(2): p. 131-9.

28. O'Hagan, D.T. e E. De Gregorio, *The path to a successful vaccine adjuvant- 'the long and winding road'.* Drug discovery today, 2009. **14**(11): p. 541-551.

29. Arya, S.C., *Human immunization in developing countries: practical and theoretical problems and prospects (Imunização humana nos países em desenvolvimento: problemas práticos e teóricos e perspectivas).* Vaccine, 1994. **12**(15): p. 1423-35.

30. *http://www.grandchallenges.org/Pages/BrowseByGoal.aspx.*

31. Bowersock, T.L. e S. Martin, *Vaccine delivery to animals.* Adv Drug Deliv Rev, 1999. **38**(2): p. 167-194.

32. Men, Y., et al., *Indução de uma resposta de linfócitos T citotóxicos através da imunização com um péptido CTL específico da malária contido em microesferas de polímero biodegradável.* Vaccine, 1997. **15**(12-13): p. 1405-12.

33. Moore, A., et al., *Immunization with a soluble recombinant HIV protein appped in biodegradable microparticles induces HIV-specific CD8+ cytotoxic T lymphocytes and CD4+ Th1 cells.* Vaccine, 1995. **13**(18): p. 1741-9.

34. Nixon, D.F., et al., *Synthetic peptides aprisionados em micropartículas podem provocar atividade de células T citotóxicas.* Vaccine, 1996. **14**(16): p. 1523-30.

35. Gupta, R.K., et al., *Chronic local tissue reactions, long-term immunogenicity and immunologic priming of mice and guinea pigs to tetanus toxoid encapsulated in biodegradable polymer microspheres composed ofpoly lactide-co-glycolide polymers.* Vaccine, 1997. **15**(16): p. 1716-23.

36. Dunn, R.L., English J.P., Cowsar, D.R., Vanderbilt,D,P., *Biodegradable in situ forming implants and methods ofproducing the same.* 1990: EUA.

37. Graham, P.D., K.J. Brodbeck e A.J. McHugh, *Dinâmica de inversão de fase de soluções de PLGA relacionadas com a administração de medicamentos.* J Control Release, 1999. **58**(2): p. 23345.

38. Dunn, R.L., Tipton, A.J., *Polymeric compositions useful as controlled release implants.* 1997, Atrix lab, Inc: EUA.

39. McHugh, A.J., *The role of polymer membrane formation in sustained release drug delivery systems.* J Control Release, 2005. **109**(1-3): p. 211-21.

40. Krebs, M.D., et al., *Injectable poly(lactic-co-glycolic) acid scaffolds with in situ pore formation for tissue engineering.* Ata Biomater, 2009. **5**(8): p. 2847-59.

41. Packhaeuser, C.B., et al., *In situ forming parenteral drug delivery systems: an overview.* Eur J Pharm Biopharm, 2004. **58**(2): p. 445-55.

42. Men, Y., et al., *A single administration of tetanus toxoid in biodegradable microspheres elicits T cell and antibody responses similar or superior to those obtained with aluminum hydroxide.* Vaccine, 1995. **13**(7): p. 683-9.

43. Tabata, Y. e Y. Ikada, *Macrophage phagocytosis of biodegradable microspheres composed of L-lactic acid/glycolic acid homo- and copolymers.* J Biomed Mater Res, 1988. **22**(10): p. 837-58.

44. Shideler, S.E., et al., *Use of porcine zona pellucida (PZP) vaccine as a contraceptive agent in free-ranging tule elk (Cervus elaphus nannodes).* Reprod Suppl, 2002. **60**: p. 169-76.

45. Kirkpatrick, J.F., et al., *Long-term effects of porcine zonae pellucidae immunocontraception on ovarian function in feral horses (Equus caballus).* J Reprod Fertil, 1992. **94**(2): p. 437-44.

46. Vicente, S., et al., *Uma nanovacina à base de polímero/óleo como uma abordagem de imunização de dose única.* PLoS One, 2013. **8**(4): p. e62500.

47. Sanchez, A., et al., *Pulsed controlled-released system for potential use in vaccine delivery.* J Pharm Sci, 1996. **85**(6): p. 547-52.

48. Godavarthy, S.S., et al., *Design of improved permeation enhancers for transdermal drug delivery.* J Pharm Sci, 2009. **98**(11): p. 4085-99.

49. Lee, P.J., R. Langer, e V.P. Shastri, *Role of n-methyl pyrrolidone in the enhancement of aqueous phase transdermal transport.* J Pharm Sci, 2005. **94**(4): p. 912-7.

50. Kranz, H., et al., *Myotoxicity studies of injectable biodegradable in-situ forming drug delivery systems.* Int J Pharm, 2001. **212**(1): p. 11-8.

51. Rungseevijitprapa, W., et al., *Myotoxicity studies of O/W-in situ forming microparticle systems.* Eur J Pharm Biopharm, 2008. **69**(1): p. 126-33.

52. Singh, M. e D.T. O'Hagan, *Recent advances in veterinary vaccine adjuvants.* Int J Parasitol, 2003. **33**(5-6): p. 469-78.

53. Hong, G., et al., *Effect of PMMA polymer on the dynamic viscoelasticity and plasticizer leachability of PEMA-based tissue conditioners.* Dent Mater J, 2010. **29**(4): p. 374-80.

54. Royals, M.A., et al., *Biocompatibilidade de um sistema de implante biodegradável de formação in situ em macacos rhesus.* J Biomed Mater Res, 1999. **45**(3): p. 231-9.

55. *Diretriz ICH Q3C, Impurezas: Solventes residuais,* em *http://www.*emea.europa.eu/pdfs/human/ich/028395en.pdf., FDA, Editor.

56. Grodowska, K. e A. Parczewski, *Organic solvents in the pharmaceutical industry (Solventes orgânicos na indústria farmacêutica).* Ata Pol Pharm, 2010. **67**(1): p. 3-12.

57. Das, P., *Revolutionary vaccine technology breaks the cold chain.* Lancet Infect Dis, 2004. **4**(12): p. 719.

Printed by Books on Demand GmbH, Norderstedt / Germany